Ayesha Aslam
Hina Salahuddin
Nosheen Masood

Isolamento e produção de amilase a partir da estirpe bacteriana HS-6

Ayesha Aslam
Hina Salahuddin
Nosheen Masood

Isolamento e produção de amilase a partir da estirpe bacteriana HS-6

ScienciaScripts

This book is a translation from the original published under ISBN 978-3-659-83296-3.

Publisher:
Sciencia Scripts
is a trademark of
Dodo Books Indian Ocean Ltd. and OmniScriptum S.R.L publishing group

120 High Road, East Finchley, London, N2 9ED, United Kingdom
Str. Armeneasca 28/1, office 1, Chisinau MD-2012, Republic of Moldova, Europe
Printed at: see last page
ISBN: 978-620-8-28437-4

ÍNDICE DE CONTEÚDOS

DEDICADO

TO

O meu querido **Pai**

que me deu a coragem de sonhar alto

&

abriu-me caminhos para explorar as minhas capacidades

A minha **mãe** mais carinhosa

, cujo amor altruísta será sempre acarinhado

mas nunca poderá ser retribuído

Meus queridos **irmãos**

cujo apoio amoroso em todos os aspectos

me permitiu alcançar

o que os meus pais me tinham inspirado a sonhar!

Lista de abreviaturas

B. subtilis	Bacillus subtilis
B.cereus	Bacillus cereus
°C	Degree centigrade
SDS	Sodium dodecylsulfate
hr	Hour
kDa	Molecular weight measured in kilodaltons
L	Litre
μ	Microns
M	Molar
g	Gram
mg	Milligram
min	Minutes
ml	Millilitre
nm	Nanometre
mM	Millimolar
OD	Optical density
PAGE	Polyacrylamide gel electrophoresis
pH	$-\log[H^+]$
Sec	Second
sp.	Species
UV	Ultra violet
wt	Weight
v/v	Volume by volume
v/w	Volume by weight
H_2O_2	Hydrogen peroxide

BSA	Bovine serum albumin
NaCl	Sodium chloride
rDNA	Ribosomal deoxyribonucleic acid
ATP	Adenosine tri phosphate
KCl	Potassium chloride
$MgSO_4$	Magnesium sulphate
rRNA	Ribosomal Ribonucleic acid
c.f.u	Colony forming unit
DNS	3, 5 dinitrosalicylic acid
U / mg	Units per milligram

Agradecimentos

Em nome de **Alá**, o mais clemente, o mais misericordioso, o único, o criador, que é perfeito em todas as caraterísticas, digno de adoração. Louvado seja Alá, Senhor do Universo, que é a fonte total do conhecimento e da sabedoria concedidos à humanidade; que me deu coragem e potencial para perseguir este objetivo, a quem acredito que nunca estraga qualquer esforço de boas acções. Inúmeras saudações à cidade do conhecimento, **o Santo Profeta Muhammad (que a paz esteja com ele)**, que declarou ser um dever obrigatório de todos os muçulmanos procurar e adquirir conhecimento e me permitiu ganhar a honra da vida

Gostaria de expressar os meus mais calorosos e sinceros agradecimentos e a minha profunda gratidão ao meu supervisor, **Dr. Abdul Hameed**, Professor, Departamento de Microbiologia, Universidade Quaid-i-Azam, Islamabad. Foi graças à sua orientação inspiradora, ao seu encorajamento constante, à sua atitude simpática e à sua supervisão dinâmica durante todo o programa de estudos que preparei este manuscrito.

Gostaria de estender os meus agradecimentos ao **Dr. Muhammad Fayyaz Chaudhary**, Presidente do Departamento de Microbiologia, por me ter concedido todos os privilégios durante o meu trabalho de investigação. Estou também muito grato à **Dra. Safia Ahmed** e à **Dra. Fariha Hasan** (Laboratório de Investigação em Microbiologia) pela sua apreciável cooperação, ajuda amável e orientação prática.

*A minha gratidão vai para o meu honorável colega de laboratório sénior, **Sir Pir Bux**, pela sua incansável orientação, devoção, reforço moral, grande interesse e atitude simpática. As palavras são inadequadas para exprimir os meus agradecimentos ao meu honorável colega sénior, **Sr. Zulfiqar Ali**, pelas suas valiosas sugestões e ajuda extensiva. Uma menção sentida vai para os amáveis colegas de laboratório sénior, **Sr. Fazal-ul-Rehman, Sr. Imran, Sr. Khalid, Sr. Masroor. O Sr. Ishtiaq e o Sr. Habib** pelo seu amável apoio e orientação.*

Não esquecerei o papel de **Shazia Rehman, Maryam Shafique, Zainab Makhdoom, Lubna, Saadia Andleeb, Saadia Almas, Amber, Wajiha, Atieh** e **Naima** nesta ocasião; a sua orientação permitiu-me alcançar o meu objetivo. Com um profundo sentimento de gratidão e benevolência, dirijo palavras de agradecimento às minhas amigas e colegas de laboratório **Marriam e Sajida**, bem como às minhas queridas colegas **Nazia e Sadia**, pela sua ajuda prática durante o meu trabalho de investigação. Não posso deixar de agradecer aos meus colegas de laboratório **Hafiz, Sadiq, Assad, Saeed e Zeeshan**.

Gostaria também de agradecer a **Shahzad Bhai** pela sua ajuda durante o meu trabalho de investigação e não me posso esquecer de agradecer ao meu colega de laboratório, **Piara**, pela sua ajuda durante o meu trabalho de investigação.

Um agradecimento especial pela maravilhosa e memorável companhia, carinho e apoio das minhas amigas Javaria, Hina, Nosheen, Zehra, Shama, Mariam, Sobia e Madiha. Não tenho palavras para lhes agradecer o maravilhoso apoio que me deram no meu trabalho de investigação.

Gostaria de expressar a minha sincera e sentida gratidão às minhas amigas **Sidra, Teba, Shalla, Sofia** e **Zobia**. Também quero expressar o meu profundo amor pelas minhas companheiras, **Dreema Api, Anny, Iqra** e **Sidra**, que me proporcionaram uma companhia agradável sempre que estava cansada durante o trabalho de tese.

Gostaria de expressar os meus sinceros e calorosos agradecimentos à minha querida tia Noor
Jahan pelo seu apoio extremo durante o meu trabalho de investigação.

Não tenho palavras para agradecer aos meus queridos irmãos Basit e Yasir pelo seu carinho
e apoio maravilhoso durante o meu trabalho de investigação.

As palavras vulgares de gratidão não conseguem abarcar verdadeiramente o amor e a gratidão
dos meus queridos pais pelas suas orações, pelo interesse constante nos meus estudos e pelo seu
encorajamento, graças aos quais estou aqui.

AYESHA ASLAM

1. RESUMO

Os halófilos são extremófilos que têm um crescimento ótimo em concentrações superiores a 0,2 M de NaCl e alguns são conhecidos por se desenvolverem acima de 5 M de NaCl. Os principais habitats dos microrganismos halófilos são a água salgada e os solos. As enzimas de bactérias extremamente halofílicas constituem um exemplo fascinante de adaptação bioquímica. As amilases são enzimas de degradação do amido que hidrolisam as moléculas de amido para dar diversos produtos, incluindo dextrinas e polímeros progressivamente mais pequenos compostos por unidades de glucose. No presente estudo, foram isoladas 9 estirpes bacterianas halofílicas (HS1-HS9) da amostra de solo recolhida nas minas de Khewra, no Paquistão, e todas as estirpes foram analisadas quanto à produção de amilase. Estas estirpes foram também observadas quanto à sua capacidade de resistência ao sal. A HS6 foi a melhor produtora de amilase e foi selecionada para estudos posteriores. A identificação morfológica e bioquímica da estirpe HS-6 através do Burgey's Manual of Determinative Bacteriology revelou que a estirpe pertencia a *Bacillus sp.* i.e. *Bacillus circulans*. Esta estirpe foi optimizada para a produção de amilase em diferentes parâmetros, ou seja, pH, temperatura e concentração de sal, utilizando a experiência do frasco agitado. A produção máxima de enzima 50,01 U/ml foi alcançada após 24 horas a pH 8 e 30°C. A atividade máxima de amilase foi exibida num meio contendo 3% de NaCl. A idade ideal do inóculo e o tamanho para a atividade máxima de amilase foram 24 horas e 10%, respetivamente. Assim, a estirpe *de bacilo* halofílico HS-6 é um candidato potente para a produção de amilase.

2. INTRODUÇÃO

Os microrganismos que requerem ambientes extremos para o seu crescimento são designados extremófilos. O termo extremófilo foi utilizado pela primeira vez por MacElroy em 1974, há três décadas. Os extremófilos desenvolvem-se em condições que matariam a maioria das outras criaturas e muitos não conseguem sobreviver nos ambientes globais antropogénicos normais. Os ambientes extremos incluem os que apresentam temperaturas elevadas (55 a 121 °C) ou baixas (-2 a 20 °C), elevada salinidade (2-5 M NaCl) e elevada alcalinidade (pH>8) ou elevada acidez (pH<4) (Madigan e Marrs, 1997).

Os halófilos são extremófilos que se desenvolvem em ambientes com concentrações muito elevadas de sal (pelo menos 2M), aproximadamente dez vezes o nível de sal da água do oceano. O nome vem do grego e significa "amante do sal". Os tipos de bactérias capazes de crescer em condições de elevado teor de sal são conhecidos como halobactérias (Ventosa *et al.,* 1998). A salinidade elevada representa um ambiente extremo ao qual relativamente poucos organismos foram capazes de se adaptar e ocupar. Os microrganismos halófilos são definidos como organismos que têm um crescimento ótimo em concentrações superiores a 0,2 M de NaCl e alguns são conhecidos por se desenvolverem acima de 5 M de NaCl (DasSarma e Arora, 2001).

Existem três tipos de halófilos. Os microrganismos extremamente halófilos são aqueles que requerem uma elevada concentração de NaCl para o seu crescimento, com concentrações óptimas de 2,5-5,2 M (15-30%). *A Haloarcula vallismortis* e *a Haloterrigena turkmenica*, por exemplo, foram isoladas da piscina salgada do Vale da Morte, na Califórnia, e do solo salino da Turqueménia, respetivamente. Os halófilos moderados são definidos como aqueles que crescem de forma óptima em meios contendo 0,5-2,5 M (3-15%) de NaCl, como *Halomonas maura* isolada de uma salina em Marrocos e *Marinococcus halophilus* isolada de areias marinhas. Os microrganismos halotolerantes possuem a capacidade de crescer em meios sem adição de NaCl e também na presença de concentrações elevadas de NaCl. Por exemplo, *o Halobacillus salinus* isolado de um lago salgado na Coreia é capaz de crescer sem adição de sal e em meios que contêm até 23% de NaCl (Echigo *et al.,* 2005).

Estes micróbios encontram-se em todos os três domínios da vida, Archaea, Bacteria e

Eukarya (<u>Baxter et al., 2005</u>, Felix e Rushforth, 1979), no entanto, os eucariotas encontram-se em pequeno número. Os organismos extremamente halófilos são representados principalmente por membros do domínio Archaea, que acumulam iões inorgânicos (geralmente K^+) intracelularmente para proporcionar um equilíbrio osmótico com a elevada concentração de sal presente nos seus ambientes. Por outro lado, os halófilos moderados têm a maioria dos representantes no domínio das bactérias, que utilizam preferencialmente solutos orgânicos compatíveis para proporcionar o equilíbrio osmótico (Oren, 1999; Oren, 2002)

Estes extremófilos foram encontrados numa variedade de microambientes, incluindo lagos e salmouras salgados, solos salinos, ambientes salinos frios, habitats salinos alcalinos e em peixe salgado, carne e outros alimentos (Ventosa *et al.*, 1998). Foram isoladas de vários ambientes salinos, tais como lagos salgados (por exemplo, o Mar Morto, o Grande Lago Salgado), salinas, sais solares e formações salinas subterrâneas. As bactérias halofílicas, capazes de crescer na presença de 20% de NaCl, habitam em quase todo o lado em ambientes não salinos, tais como solos de jardim comuns, quintais, campos e estradas numa área circundante de Tóquio (Echigo, 2005).Inicialmente pensava-se que as Archaea dominavam os ambientes hipersalinos, mas sabe-se agora que mesmo em condições extremamente salinas, perto do ponto de saturação do NaCl, existem exemplos de halófilos de uma grande variedade de taxa, incluindo eucariotas *(rotíferos, vermes tubícolas* e *copépodes),* protozoários *(Porodon utahensis e Fabrea salina),* fungos *(Cladosporium glycolicum),* cianobactérias *(Aphanothece halophytica),* Archaea *(Haloanaerobacter chitinovorans),* bactérias *(Ectothiorhodospira halochloris, Salinobacter* sp.) e algas verdes *(Dunaliella salina)* (DasSarma e Arora, 2001; Rothschild e Mancinelli, 2001; Dyall-Smith e Danson, 2001).

Os principais habitats dos microrganismos halófilos são a água salgada (lagos salgados, salmouras, lagoas) e os solos. Nestes últimos, o potencial matricial do solo contribui para o stress hídrico causado por concentrações elevadas de sal. As águas altamente salinas têm origem quer na condensação da água do mar (talassalinas) quer na evaporação de águas superficiais interiores (atalassalinas). A concentração salina das águas talassalinas assemelha-se à da água do mar, sendo o NaCl o seu principal constituinte. Foi encontrada microflora em todos os tipos de águas salgadas acima referidos, o que indica que os microrganismos halófilos toleram uma salinidade elevada e podem adaptar-se a diferentes tensões, como pH elevado ou temperaturas extremas. Os lagos salgados frios, como o bem estudado lago orgânico na região de Vestfold, no leste do Antártico, são de interesse, uma vez que se pensa que talvez se assemelhem aos ambientes extraterrestres da lua Joviana Europa. O ecossistema do lago orgânico contém concentrações de sal entre 0,8 e 21% e uma camada anóxica abaixo de uma profundidade de 4 a 5 m (Franzmann e Rodriguez, 1991).

Bactérias extremamente halofílicas foram isoladas de uma grande diversidade de ambientes hipersalinos, especialmente os resultantes da evaporação da água do mar (Larsen 1962). Por outro lado, os bacilos extremamente halófilos são considerados incapazes de sobreviver em meios com menos de 10% de NaCl (Abram e Gibbons, 1961; Larsen, 1976).

Estes locais são de importância específica para a investigação sobre a vida extraterrestre, uma vez que o isolamento de halófilos viáveis foi registado em antigos ambientes salinos terrestres subsuperficiais. Tem sido sugerido que organismos de outros planetas podem ter sobrevivido no ambiente subsuperficial dos planetas (por exemplo, Marte). Por conseguinte, é de interesse examinar mais pormenorizadamente as caraterísticas dos depósitos de sal subsuperficiais terrestres e os organismos isolados desses locais (Mancinelli, 2003).

Para sobreviver a salinidades elevadas, os halófilos utilizam duas estratégias diferentes para evitar a dessecação através do movimento osmótico da água para fora do seu citoplasma. Ambas as estratégias funcionam através do aumento da osmolaridade interna da célula. Na primeira (utilizada pela maioria das bactérias, algumas Archaea, leveduras, algas e fungos), compostos orgânicos específicos de baixo peso molecular são acumulados no citoplasma, conhecidos como solutos compatíveis. Estes podem ser sintetizados de novo ou acumulados a partir do ambiente (Santos e da Costa, 2002). Os solutos compatíveis mais comuns são neutros ou zwitteriónicos e incluem aminoácidos, açúcares, polióis, betaínas e ectoínas, bem como derivados de alguns destes compostos (Galinski, 1995).

A segunda adaptação, mais radical, envolve o influxo seletivo de iões K+ para o citoplasma.

Esta adaptação é limitada à ordem bacteriana Halanerobiales, moderadamente halófila, à família arqueana Halobacteriaceae, extremamente halófila, e à bactéria *Salinibacter ruber*, extremamente halófila. A principal razão para isto é que toda a maquinaria intracelular (enzimas, proteínas estruturais, etc.) deve ser adaptada a níveis elevados de sal, enquanto que nos solutos compatíveis actuam frequentemente como protectores de stress mais gerais, bem como apenas como osmoprotectores (Santos e da Costa, 2002.

A maioria dos organismos halófilos e halotolerantes gasta energia para excluir o sal do seu citoplasma e evitar a agregação de proteínas (salting out). As bactérias halófilas aeróbias, tal como todos os outros microrganismos, necessitam de equilibrar o seu citoplasma com a pressão osmótica exercida pelo meio externo. O equilíbrio osmótico pode ser alcançado através da acumulação de sais, moléculas orgânicas ou uma combinação destes factores. Outra possibilidade é que a célula seja capaz de controlar o movimento da água para dentro e para fora e manter um estado hipoosmótico do seu espaço intracelular, como foi proposto para *S. costicola* e *H. elongate* (Ventosa *et al.*, 1998).

Além disso, o conteúdo de iões de sódio parece estar na gama molar, embora a razão entre o potássio citoplasmático e o sódio seja elevada. O gradiente de potássio é mantido pela combinação de um antiportador electrogénico de iões de sódio/ protões e de um uniportador de iões de potássio. As proteínas das halobactérias são resistentes a concentrações elevadas de sal e contêm uma proporção excessiva de aminoácidos ácidos em relação aos básicos, uma caraterística que é provavelmente necessária para a atividade em condições de elevada salinidade (Dym *et al.*, 1995). Para evitar a perda de água celular para o ambiente, os halófilos acumulam solutos no citoplasma (Galinski, 1993). As arqueas halófilas, através de uma bomba de Na+, empurram os iões Na+ para fora da célula, enquanto concentram iões K+ no interior da célula, a fim de equilibrar a pressão osmótica. Este equilíbrio consiste numa concentração interna de K+ de cerca de 5M e uma concentração externa de Na+ de cerca de 4M. (Litchfield, 1998).

Uma caraterística única das halobactérias é a membrana púrpura, regiões especializadas da membrana celular que contêm uma rede cristalina bidimensional de uma cromoproteína, a bacteriorhodopsina, que desempenha esta função (Krebs e Khorana, 1993). A bacteriorhodopsina (BR) cria um gradiente de protões e permite que o Na+ seja bombeado para fora da célula. A bomba é criada empurrando um protão através da membrana por cada fotão absorvido. Este gradiente de protões leva à formação de ATP. O gradiente de Na+ permite então a entrada de K+ na célula e o equilíbrio da pressão osmótica. A halorodopsina (HR) utiliza a luz para bombear Cl- para o interior das células e equilibrar os iões K+ no seu interior.

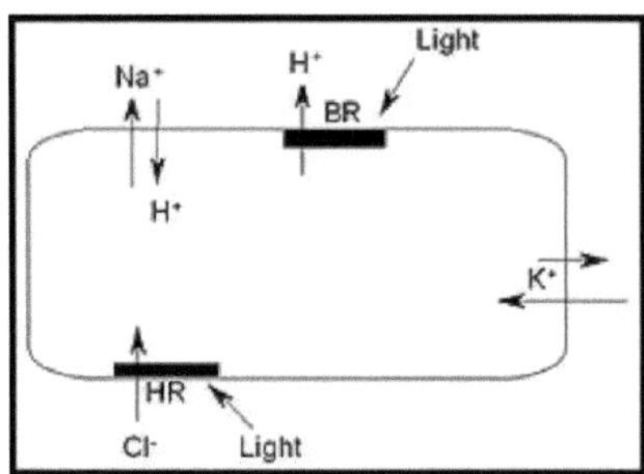

Fig 1 : Mecanismo de equilíbrio iónico pela bacteriorhodopsina

As halobactérias também produzem vesículas de gás flutuante, tal como muitas bactérias aquáticas (DasSarma e Arora, 1997). As halobactérias produzem grandes quantidades de carotenóides vermelho-alaranjados necessários para estimular um sistema de fotoreparação ativo para a reparação de dímeros de timina resultantes da radiação ultravioleta (Spudich, 1993).

As enzimas dos extremófilos são designadas por extremozimas (MacElroy1974). As extremozimas de bactérias halófilas extremamente halófilas constituem um exemplo fascinante de adaptação bioquímica. Assim, estas enzimas que, tanto invivo como invitro, desempenham as suas funções catalíticas a 4-5 M de NaCl e KCl, perdem rapidamente a sua atividade quando expostas a baixas concentrações de sal ((Lanyi, 1974). Os processos industriais são realizados em condições físicas e químicas específicas que nem sempre podem ser ajustadas aos valores óptimos necessários para as enzimas disponíveis. Por essa razão, seria de grande importância dispor de enzimas que apresentem actividades óptimas em diferentes valores de concentrações de sal e de temperatura. Os halófilos são a fonte mais provável de tais enzimas, porque não só as suas enzimas são tolerantes ao sal, como muitas são também termotolerantes. Atualmente, apenas 1-2 % dos microrganismos existentes na Terra foram explorados comercialmente e, entre estes, existem apenas alguns exemplos de extremófilos (Gomes e Steiner 2004). Devido à sua extrema estabilidade, os extremozimas oferecem atualmente oportunidades para a biocatálise e a biotransformação. O isolamento de halófilos moderados capazes de produzir enzimas extracelulares proporcionará a possibilidade de ter actividades óptimas em diferentes concentrações de sal. Além disso, a aplicação de microrganismos halófilos para a purificação de resíduos contendo polímeros tem vantagens óbvias (Ventosa *et al.,* 1998).

As enzimas das arqueobactérias halofílicas descritas até à data têm necessidades de sal superiores às das enzimas correspondentes de bactérias não halofílicas ou de halófilos aeróbios eubacterianos (Holmes e Halvorson, 1965; Larsen, 1962; 1967). Em geral, as enzimas de arqueobactérias halofílicas são desnaturadas a baixas concentrações de sal, especialmente na completa ausência de sal (Lanyl, 1974). De um modo geral, as enzimas das arqueobactérias halofílicas mantêm a atividade a concentrações elevadas de sal ou são mais activas na sua concentração normal de sal intracelular (Bayley e Morton, 1978). No entanto, existem relatos de enzimas de arqueobactérias halofílicas que são inactivadas pelo sal (Pugh *et al.,* 1971).

São exemplos de extremozimas as celulases, amilases, xilanases, proteases, pectinases, queratinases, lipases, esterases, catalases, peroxidases e fitases, que apresentam grande potencial de aplicação em diversos processos biotecnológicos. (Gomes e Steiner, 2004).

As amilases são enzimas de degradação do amido que hidrolisam as moléculas de amido para dar origem a diversos produtos, incluindo dextrinas e polímeros progressivamente mais pequenos compostos por unidades de glucose (<u>Windish & Mhatre, 1965</u>). O amido é um polissacárido vegetal constituído por muitas moléculas de monossacáridos (glucose) ligadas entre si por ligações covalentes glicosídicas. O amido é constituído por uma forma solúvel, a amilose, e por uma forma insolúvel, a amilopectina. As ligações glicosídicas do amido são quebradas pela amilase, que forma glucose e maltose, um monossacárido e um dissacárido, respetivamente, que podem ser absorvidos pelo organismo para posterior catabolismo para produzir energia e intermediários para as vias anabólicas (Hartley *et al.,* 1995).

A história das amilases começou em 1811, quando a primeira enzima de degradação do amido foi descoberta por Kirchhoff. Seguiram-se vários relatos de amilases digestivas e amilases do malte. Foi muito mais tarde, em 1930, que Ohlsson sugeriu a classificação das enzimas digestivas do amido no malte como a- e 0-amilases, de acordo com o tipo anomérico de açúcares produzidos pelas amilases (Gupta *et al.,* 2003). As amilases são enzimas que hidrolisam as moléculas de amido em polímeros compostos por unidades de glucose (Reddy *et al.,* 2003).

As amilases foram descritas como ocorrendo em microrganismos, embora também sejam encontradas em plantas e animais. As amilases são um grupo de enzimas que foram encontradas em vários microrganismos, como bactérias e fungos. No entanto, existem poucos relatos sobre o controlo da produção de a-amilase extracelular por fungos (Ely *et al.,* 2006).

A indução da amilase requer um substrato com uma ligação a-1, 4 glicosídeo, incluindo maltose, dextrina e amido (Domingues e Peralta, 1993). A glicose, como produto final da reação enzimática de hidrólise do substrato, reprime a síntese enzimática através de um mecanismo bem conhecido de repressão de catabolitos (Bhella e Altosaar, 1987).

As amilases podem ser divididas em duas categorias: endoamilases e exoamilases. As endoamilases catalisam a hidrólise de forma aleatória no interior da molécula de amido, produzindo oligossacáridos lineares e ramificados de vários comprimentos de cadeia. As exoamilases actuam a partir da extremidade não redutora, resultando sucessivamente em produtos finais curtos (Gupta et al., 2003).

Foram identificadas três classes principais de amilases nos microrganismos, nomeadamente a a-amilase, a beta-amilase e a glucoamilase. As a-amilases são enzimas extracelulares que clivam aleatoriamente as ligações 1,4-a-D-glicosídicas entre unidades de glucose adjacentes na cadeia linear da amilose. A b-amilase, que está amplamente distribuída nos tecidos vegetais, hidrolisa as ligações a-1,4 glucosídicas da extremidade não redutora dos a-1,4glucanos, produzindo b-maltose e b-limite de dextrina (Todaka e Kanekatsu, 2007). A glucoamilase (exo-1,4-a-D-glucano glucanohidrolase, E.C. 3.2.1.3) hidrolisa unidades de glucose simples das extremidades não redutoras da amilose e da amilopectina de forma gradual (Anto *et al.,* 2006).

A utilização de enzimas ou microrganismos como biocatalisadores para a formação de vários produtos tem sido bem documentada em muitas publicações e revisões. Dado que as condições dos processos industriais são difíceis, são necessários biocatalisadores que possam suportar as condições do processo. A maioria das enzimas utilizadas até à data provém de organismos mesófilos e, apesar das suas muitas vantagens, a aplicação destas enzimas é limitada devido à sua estabilidade limitada a temperaturas extremas, pH e força iónica (Haki e Rakshit, 2003).

As amilases, que representam aproximadamente 25% do mercado de enzimas (Burhan *et al.*, 2003, *Rao et al.*, 1998 e Sidhu *et al.*, 1997), substituíram quase completamente a hidrólise química do amido na indústria de transformação do amido (Pandey *et al.*, 2000). A amilase é uma enzima hidrolítica e, nos últimos anos, o interesse na sua produção microbiana aumentou drasticamente. O interesse na utilização da alfa amilase, da beta amilase e da glucoamilase baseia-se na possibilidade de aplicar sistemas enzimáticos duplos para a produção de edulcorantes. A degradação do amido é mais eficiente quando duas enzimas são adicionadas simultaneamente à solução de amido do que em processos sucessivos (Schafhauser e Storey, 1992).

É amplamente utilizada nas indústrias alimentar, têxtil, de panificação e de detergentes (Asghar *et al.*, 2000). O espetro de aplicação da amilase alargou-se a muitos outros domínios, como a química clínica, médica e analítica, bem como à sua vasta aplicação na sacarificação do amido e nas indústrias alimentar, de fermentação, do papel, da cerveja e da destilação (Pandey *et al.*, 2000). Para além da sua utilização na sacarificação ou na liquefação do amido, a enzima é também utilizada para a teia de fibras têxteis, para a clarificação da turvação formada na cerveja ou nos sumos de fruta e para o pré-tratamento de alimentos para animais, a fim de melhorar a digestibilidade (Hanes & Stedt, 1988). Uma nova e crescente área de aplicação da a-amilase é a dos detergentes para lavar roupa e louça (Van der Maarel *et al.*, 2002).

3. OBJECTIVOS E METAS

Com base nas informações acima referidas, o nosso presente estudo tem os seguintes objectivos:

- ➢ Isolar microrganismos halófilos de amostras de solo recolhidas na mina de sal de Khewra com elevada concentração de sal.

- ➢ Para selecionar os halófilos extremos das amostras.

- ➢ Para selecionar o melhor produtor de amilase.

- ➢ Produção de amilase a partir da estirpe selecionada.

- ➢ Para caraterizar a estirpe selecionada.

- ➢ Observar o efeito de diferentes parâmetros na atividade de amilase do isolado bacteriano halófilo, ou seja, pH, temperatura, concentrações de sal (NaCl), tamanho do inóculo e idade do inóculo.

4. REVISÃO DA LITERATURA

Dombrowski (1961; 1963) e Reiser e Tasch (1960) foram os primeiros a descrever microrganismos viáveis que foram isolados do sal-gema. Outros relatórios, um já de 1935, demonstraram bastonetes semelhantes a bactérias em resíduos de sal-gema dissolvidos e em secções finas de sal-gema, mas a recuperação destes microrganismos viáveis não foi tentada ou não teve êxito (Rippel, 1935; Bien, *et al.*, 1965).

Os enriquecimentos efectuados por Dombrowski (1961; 1963) a partir de amostras de sal-gema de origem Zechstein (Norte da Alemanha) e Precamriana (Sibéria), quando introduzidas num meio saturado de sal, produziram estirpes semelhantes a *Bacillus circulans* e um outro isolado, denominado *Pseudomonas halocrenea*. Este último foi subsequentemente demonstrado ser idêntico a *Pseudomonas aeruginosa* e, por conseguinte, tem de ser considerado um contaminante.

Bibo *et al.*, (1983) conseguiram isolar bastonetes e diplococos halófilos viáveis do sal de Zechstein (Neuhof perto de Fluda, Alemanha). Nem sempre é claro a partir dos resultados destes investigadores se os isolados consistiam em Archaea halofílicas, uma vez que a pigmentação vermelha ou rosa não foi mencionada por Dombrowski (1961; 1963) e Bibo *et al.*, (1983). No entanto, os artigos de Tasch 1963 e Nehrkon 1967, que avaliaram criticamente o trabalho de Dombrowki, contêm referências à pigmentação. Após 1991, as publicações sobre este tópico incluem consistentemente descrições de pigmentação vermelha ou rosa de isolados, por exemplo, de salmouras subterrâneas de uma bacia do Permiano (Vreeland e Huval, 1991) ou de sal-gema de idade Permo-Triássica (Norton *et al.*, 1993; Denner *et al.*, 1994). Todos os relatórios revelaram que as haloarchaea são os tipos predominantes de microrganismos halófilos viáveis no sal-gema. Em certa medida, a sua prevalência pode dever-se aos métodos de enriquecimento, que favorecem a seleção de halófilos principalmente aeróbios, neutrófilos, heterotróficos e de crescimento razoavelmente rápido. É muito provável que existam muitos mais géneros de halófilos no sal-gema do que os detectados, como se pode deduzir da análise molecular. É muito possível que estes outros géneros ainda não tenham crescido. Em contraste, bactérias extremamente halofílicas de aparência maioritariamente branca ou amarelada foram recuperadas de piscinas de salmoura, fluidos de injeção de salmoura e apenas raramente de sal-gema (Norton *et al.*, 1993; Bibo *et al.*, 1983).

Caumette *et al.*, (1997) isolaram uma nova bactéria de enxofre púrpura dos tapetes microbianos que se desenvolvem no Lago Solar. Esta estirpe *(Chromatium* estirpe SL 3201) era morfologicamente semelhante à *Chromatium gracile* e à *Chromatium minutissimum.* Verificou-se que *Chromatium* é um halófilo moderado com uma gama de crescimento entre 2 e 20% de NaCl (ótimo 4-5% de NaCl) e foi capaz de crescer foto-organotroficamente utilizando glicolato e glicerol. É a primeira bactéria sulfurosa fototrófica descrita capaz de utilizar glicolato.

Walsby (1980) observou bactérias planas e quadradas na salmoura de um sabkha costeiro na costa ocidental do Golfo de Eilat. A localização, a geoquímica e a hidrodinâmica do sabkha foram descritas anteriormente por Gavish (1980). Três estirpes morfologicamente semelhantes de procariotas halófilos, em forma de caixa, foram isoladas de salmouras recolhidas no Sinai, na Baixa Califórnia (México) e no sul da Califórnia (Estados Unidos). As células apresentam as caraterísticas gerais dos halófilos extremos e das arqueobactérias. Contêm pigmentos semelhantes à bacteriorhodopsina que, aparentemente, medeiam a translocação de iões e a fotofosforilação induzidas pela luz (Barbara *et al.*, 1982).

Dezoito estirpes de bactérias extremamente halofílicas e três estirpes de bactérias moderadamente halofílicas foram isoladas de quatro ambientes de sal solar diferentes. Testes de potencial de crescimento em salmouras naturais de salinas demonstraram que nenhuma das halobactérias cresceu bem em salmouras que abrigam as populações mais densas dessas bactérias em salinas solares. Todas cresceram melhor em salmouras insaturadas com NaCl. As altas concentrações de Na+ e Mg^2 + encontradas nas salmouras de cristalização de salinas limitaram o crescimento bacteriano, mas as concentrações de K+ encontradas nessas salmouras tiveram pouco efeito. O $MgSO_4$ foi relativamente mais inibitório para os halófilos extremos do que o MgCh, mas o inverso foi verdadeiro para os halófilos moderados (Barbara *et al.*, 1984).

Quesada *et al.* (1985) isolaram um total de 736 estirpes a partir de amostras colhidas em três habitats salinos diferentes: salinas solares, solos salinos e o mar, perto de Alicante (Espanha). Para um estudo posterior, foram selecionados 60 bastonetes não móveis moderadamente halofílicos e estudados relativamente a 57 caraterísticas fenotípicas. A maior proporção de bastonetes não-móveis moderadamente halófilos foi isolada de solos salinos e em meios com 10 ou 20% de sais, sendo muito escassos em amostras de água do mar. Todos eram bastonetes Gram-negativos e foram incluídos em dois grupos: 33 estirpes oxidase positivas puderam ser atribuídas ao género *Flavobacterium* e 24 estirpes oxidase negativas ao género *Acinobacter*.

Zajic e Spence, (1986) isolaram microrganismos capazes de crescer em condições altamente alcalinas. O processo de isolamento utilizou níveis de pH de 9,7 a 11,0, sais de 4,0 a 5,0%, temperaturas de 45°C a 50°C e condições anaeróbicas. Quatro isolados são descritos como bastonetes gram-positivos, formadores de esporos, móveis e catalase-positivos. Isto indica que pertencem ao género *Bacillus*. Foram avaliadas as caraterísticas culturais destes e de dois outros isolados. Todas as seis estirpes toleraram até 11,0% de sais no meio de crescimento.

Shiba *et al.*, (1989) isolaram quatro halófilos quimioorganotróficos, estritamente anaeróbios, dos sedimentos de superfície hipersalinos da lagoa fechada de evaporação na orla do Salton Sea, Califórnia, e do Big Soda Lake, Nevada, cujo estado não era estritamente anaeróbio. Todos os isolados eram eubactérias Gram-negativas, móveis, não formadoras de esporos, moderadamente halófilas e exigiam uma concentração mínima de 3-10% de NaCl no meio de crescimento. Entre os quatro isolados, a estirpe SS-21 podia crescer a uma concentração de NaCl superior a 30% e a estirpe M-20 era alcalofina. O isolamento destas bactérias sugere que uma variedade de halófilos anaeróbios está amplamente distribuída em ambientes hipersalinos.

Anton *et al.*, (2000) registaram uma elevada abundância e crescimento de um novo grupo de *bactérias* até agora não cultivadas em tanques de cristalização (salinidade, de 30 a 37%) de salinas solares multi-lagoas. No presente estudo, estas bactérias constituíam de 5 a 25% da comunidade procariótica total e estavam afiliadas ao filo *Cytophaga-Flavobacterium- Bacteroides*. O crescimento foi demonstrado em NaCl saturado. Propõe-se uma classificação provisória deste novo grupo bacteriano como *"Candidatus Salinibacter* gen. nov."*. A perceção de que as Archaea são os únicos procariotas ecologicamente relevantes em ambientes aquáticos hipersalinos deve ser revista.

Durante muito tempo, pensou-se que as Archaea, o terceiro domínio da vida, estavam limitadas aos extremos ambientais. No entanto, a descoberta de sequências do gene 16S rRNA de arqueas em amostras de água, sedimentos e solo pôs em causa a noção de que as arqueas são extremófilas obrigatórias. Todos os isolados de haloarqueas anteriormente relatados são halófilos extremos obrigatórios que requerem pelo menos 9% (p/v) de NaCl para crescer e são tipicamente os organismos heterotróficos dominantes em lagos de sal e soda, depósitos de sal e salinas. Dois destes três genótipos recentemente isolados têm requisitos mais baixos de sal do que as haloarchaea anteriormente cultivadas e são capazes de um crescimento lento à salinidade da água do mar (2,5% p/v NaCl). Os dados revelaram a existência de Archaea que podem crescer em condições não extremas e de uma comunidade diversificada de haloarchaea existente em sedimentos de sapal costeiro. Isto mostrou que a gama ecológica destes procariotas fisiologicamente versáteis é muito mais vasta do que se supunha anteriormente (Purdy *et al.*, 2004).

Ghozlan *et al.*, (2006) estudaram a biodiversidade de bactérias moderadamente halofílicas em habitats hipersalinos no Egito. O rastreio de bactérias de diferentes ambientes salinos em Alexandria. Egito, conduziu ao isolamento de 76 bactérias Gram-negativas e 14 Gram-positivas moderadamente halófilas. Os isolados foram caracterizados taxonomicamente num total de 155 caraterísticas. Estes resultados foram analisados por técnicas numéricas utilizando o coeficiente de correspondência simples (SSM) e o agrupamento foi efectuado pelo método de associação de grupos de pares não ponderados (UPGMA). A um nível de semelhança de 75%, as bactérias Gram-negativas foram agrupadas em 7 fenas, para além de um único isolado, enquanto 4 fenas representavam as Gram-positivas. Com base nas caraterísticas fenotípicas, sugere-se que as bactérias Gram-negativas pertencem aos géneros *Pseudoalteromonas*, *Flavobrium*, *Chromohalobacter*, *Halomonas* e *Salegentibacter*, *para* além de um único isolado não identificado. Propõe-se que as bactérias Gram-positivas pertençam aos géneros *Halobacillus*, *Salinicoccus*, *Staphylococcus* e *Tetragenococcus*. Este estudo constitui a primeira publicação sobre a biodiversidade de bactérias moderadamente halofílicas em ambientes salinos em Alexandria, Egito.

Arahal *et al.,* (1999) isolaram um grupo de 91 estirpes moderadamente halófilas, Gram-positivas, em forma de bastonete, de enriquecimentos preparados a partir de amostras de água do Mar Morto recolhidas há 57 anos. Estas estirpes foram examinadas relativamente a 117 caraterísticas morfológicas, fisiológicas, bioquímicas, nutricionais e de suscetibilidade a antibióticos. Todas as estirpes formaram endosporos e eram móveis, estritamente aeróbias e positivas para catalase e oxidase. Cresceram em meios contendo 5-25% (p/v) de sais totais, mostrando um crescimento ótimo a 10% (p/v). Dezoito estirpes foram escolhidas como isolados representativos e foram estudadas em mais pormenor. Todas estas estirpes tinham ácido meso-diaminopimélico na parede celular e um teor de ADN G+C de 39,0-42,8 mol%; constituem um grupo com níveis de semelhança ADN-ADN de 70-100%.

Amoozegar *et al.,* (2003) isolaram uma bactéria moderadamente halófila, Gram-positiva, formadora de esporos, de um solo salino superficial da região de Karaj, no Irão. A estirpe, designada MA-2^T , era estritamente aeróbica com células em forma de bastonete que ocorriam isoladamente, aos pares ou em cadeias curtas. Não era móvel e tinha um endosporo elipsoidal localizado central ou subterminalmente. O crescimento ocorreu a 10-49 °C e no intervalo de pH 6-0-9-6. A estirpe MA-2^T cresceu em salinidades de 1-24 % (p/v) de NaCl, apresentando um crescimento ótimo a 10 % (p/v). Os microrganismos que apresentaram a relação filogenética mais próxima com a estirpe MA-2^T foram *Halobacillus litoralis* e *Halobacillus trueperi.* Com base nas caraterísticas fenotípicas e quimiotaxonómicas, na análise da sequência do gene 16S rRNA e nos dados de semelhança ADN-ADN, propõe-se que a estirpe MA-2^T seja colocada no género *Halobacillus* como a estirpe tipo de uma nova espécie, *Halobacilluskarajensis* sp. Nov.

Yumoto *et al.,* (2003) isolaram estirpes alcalifílicas obrigatórias, AM31DT e AM11D, de solos que utilizam benzoato e m-hidroxibenzoato de Tsukuba, Ibaraki, Japão. Os isolados cresceram a pH 8-10, mas não a pH neutro. Eram bastonetes rectos Gram-positivos, facultativamente anaeróbios, com flagelos peritríquios e produziam esporos elipsoidais. Os isolados reduziram o nitrato a nitrito e cresceram em 0-14 % de NaCl, mas não em concentrações mais elevadas. As principais quinonas isoprenóides foram a menaquinona -5, -6 e -7, e o perfil celular de ácidos gordos consistiu em quantidades significativas de ácidos de cadeia ramificada 15-C, iso C15 : 0 e anteiso C15 : 0. Com base nas caraterísticas fenotípicas, nos dados filogenéticos e nos dados de parentesco ADN-ADN, concluiu-se que estes isolados mereciam ser classificados como uma nova espécie, para a qual se propõe o nome *Bacillus krulwichiae*

A estirpe bacteriana 5AGT (DSM 15293 e ATCCBAA-966), Gram-negativa, aeróbia, móvel e em forma de bastonete, foi isolada da água com tapete de algas de uma piscina mineral em Malvizza (Campânia-Itália) e foi submetida a um estudo polifásico. O isolado cresceu a uma temperatura de 10,0-43,0° C com um ótimo a 37,0° C. A estirpe 5AGT cresceu de forma óptima na presença de 10% de NaCl e cresceu também na ausência de sal. O isolado cresceu na gama de pH 7,0-10,0 com um ótimo a pH 9,0. Acumulou glicina-betaína, ectoína e glutamato, asosmoprotectores. (Romano *et al.*, 2005)

Um total de 128 estirpes de bactérias moderadamente halofílicas foram isoladas de bachalao (bacalhau salgado) húmido, seco e dessalgado, bem como de bacalhau fresco e sal de cura. A contagem viável destas bactérias em bachalas secas e húmidas totalmente curadas variou entre 103 e 107 por g. Todas as estirpes foram caracterizadas com 40 testes fenotípicos. As estirpes agruparam-se em cinco fenómenos com 75% de semelhança, com 77 estirpes no fenómeno A e 37 no fenómeno E. Foram observados dois tipos principais de colónias, lisas e rugosas, que correspondem aos fenómenos A, B e C, por um lado, e ao fenómeno E, por outro. Estes dois tipos parecem representar a flora bacteriana dominante no bachalao totalmente curado, húmido e seco, respetivamente. As estirpes representativas do tipo de colónia lisa foram caracterizadas mais detalhadamente e verificou-se que crescem bem em NaCl 0-1-4-5 mol l-1 e a 15-37°C. Atualmente, não foram atribuídas a nenhuma espécie bacteriana conhecida. (Vilhelmsson *et al.*, 1996).

Amoozegar *et al.*, (2006) 49 estirpes de bactérias moderadamente halofílicas isoladas de ambientes salgados do Irão. Um *cocos* Gram-positivo designado como estirpe QW6 mostrou uma elevada capacidade de remoção de oxianiões tóxicos de telúrio numa vasta gama de factores do meio de cultura, incluindo pH (5,5-10,5), temperatura (25-45° C), vários sais, incluindo NaCl, KCl e Na2SO4 (0,5-4 M), selenooxianiões (2-10 mM) e em diferentes concentrações de telureto de potássio (0,5-1mM) em condições aeróbias.

Kaye e Baross estudaram os efeitos síncronos da temperatura, da pressão hidrostática e da salinidade no crescimento, nos perfis de fosfolípidos e nos padrões proteicos de quatro espécies de *Halomonas* isoladas de respiradouros hidrotermais de águas profundas e de ambientes da superfície do mar em 2004. Quatro estirpes de bactérias eurihalinas pertencentes ao género *Halomonas* foram testadas quanto à sua resposta a uma gama de temperaturas (2, 13 e 30°C), pressões hidrostáticas (0,1, 7,5, 15, 25, 35, 45 e 55 MPa) e salinidades (4, 11 e 17% de sais totais). Os isolados eram psicrotolerantes, halofílicos a moderadamente halofílicos e piezotolerantes, crescendo mais rapidamente a 30°C, 0,1 MPa e 4% de sais totais. Pouco ou nenhum crescimento ocorreu nas pressões hidrostáticas mais altas testadas, um efeito que foi mais pronunciado com a diminuição das temperaturas. As curvas de crescimento sugerem que as estirpes *de Halomonas* testadas cresceriam bem em habitats frios a quentes de fontes hidrotermais e de subsolo marinho associado, mas pouco ou nada cresceriam em condições frias de mar profundo. A salinidade intermédia testada melhorou o crescimento em certas condições de alta pressão hidrostática e de baixa temperatura, evidenciando um efeito sinérgico no crescimento para estas tensões combinadas.

As proteínas de 24 bactérias halófilas, incluindo *Haloarcula marismortui*, *Haloarcula vallismortis*, *Haloferax mediteranei*, *Haloferax gibbonsii*, *Halobacterium salinarium*, bem como isolados desconhecidos de Enid, Oklahoma; Jefferson Island, Louisiana; e da Formação Salado - Novo México, foram analisadas por eletroforese unidimensional em gel de poliacrilamida SDS (SDS-PAGE). Os seus perfis proteicos foram comparados e as bactérias foram agrupadas de acordo com o Sistema de Análise Estatística (SAS Institute, Cary, Carolina do Norte) num computador IBM 4316. Os agrupamentos feitos a partir dos perfis proteicos mostraram concordância com os agrupamentos feitos a partir dos dados de reassociação do ADN. Os vários halófilos conhecidos foram facilmente separados nos três principais géneros de halobactérias. Os dados mostram que o SDS-PAGE unidimensional pode ser facilmente utilizado para analisar rapidamente um grande número de estirpes desconhecidas e agrupá-las em grupos relacionados. Esta técnica oferece uma forma de reduzir o número total de isolados halófilos a estudar em grandes programas de investigação taxonómica (Mark e Vreeland, 1995).

Os halófilos equilibram a concentração salina externa extremamente elevada acumulando uma concentração multimolar de KCl no seu citosol (Ginzburg, 1970). As suas proteínas são elas próprias halofílicas e funcionam em condições em que as proteínas "normais" desnaturariam ou se agregariam devido à baixa atividade da água e aos fortes efeitos de salinização (Madern *et al.*, 2000). As proteínas dos halófilos apresentam normalmente elevadas cargas negativas à superfície. As proteínas das halobactérias são resistentes a concentrações elevadas de sal ou requerem sais para a sua atividade. As cargas negativas superficiais são consideradas importantes para a solvatação das proteínas halofílicas e para evitar a desnaturação, agregação e precipitação que normalmente resultam quando as proteínas não halofílicas são expostas a concentrações elevadas de sal (Dym *et al.*

1995). As proteínas halofílicas são proteínas de ligação ao sal que se desdobram quando a concentração de sal diminui. As proteínas halofílicas estão adaptadas a estas condições, o que se reflecte na sua composição única de aminoácidos (Lanyi 1974; Eisenberg 1995; Madern *et al.*, 2000; Mevarech *et al.*, 2000). Em primeiro lugar, a superfície das proteínas halofílicas é altamente ácida e, em segundo lugar, as proteínas halofílicas têm uma hidrofobicidade global reduzida quando comparadas com as proteínas não halofílicas. Estas caraterísticas são importantes para evitar a agregação e, ao mesmo tempo, manter a flexibilidade estrutural em concentrações elevadas de sal (Mevarech *et al.*, 2000). É comummente aceite que, no ambiente citosólico lotado de todos os tipos de células, a acumulação de superfícies hidrofóbicas expostas provoca a agregação irreversível de proteínas mal dobradas que, em última análise, conduzem à morte celular (Ellis e Hartl, 1999; Van den Berg *et al.*, 1999).

A acumulação de solutos compatíveis, por absorção ou síntese de novo, permite que as bactérias reduzam a diferença entre o potencial osmótico do citoplasma celular e o ambiente extracelular. Para examinar este processo nas arqueobactérias metanogénicas halofílicas e halotolerantes, 14 estirpes foram testadas quanto à acumulação de solutos compatíveis em resposta ao crescimento em várias concentrações extracelulares de NaCl. Em concentrações externas de NaCl de 0,7 a 3,4 M, as metanogénicas halofílicas acumularam ião K+ e compostos orgânicos de baixo peso molecular. A B-glutamina (ácido 3-aminoglutárico), bem como o L-a-glutamato, foram solutos compatíveis entre todas estas estirpes. A síntese de novo da gilcina betaína foi também detectada em várias estirpes de metanogénios moderadamente e extremamente halófilos. Este é o primeiro relatório de 0-glutamina como soluto compatível e biossíntese de novo de gilcina betaína nas arqueobactérias metanogénicas. (Mei-chin *et al.*, 1991).

A Gylcine betaine é um soluto compatível, capaz de restaurar e manter o equilíbrio osmótico das células vivas. É sintetizada e acumulada em resposta ao stress abiótico. A betaína actua também como dador de grupos metilo e tem uma série de aplicações importantes, incluindo a sua utilização como aditivo alimentar. As vias biossintéticas conhecidas da betaína são universais e muito bem caracterizadas. Foram isoladas várias enzimas que catalisam a oxidação em duas fases da colina em betaína. Neste trabalho, estudámos uma nova via biossintética da betaína em dois halófilos extremos filogenicamente distantes, *Actinopolyspora halophila* e *Ectothiorhodospira halochloris*. Identificaram uma série de reacções de metilação em três etapas, da glicina à betaína, que é catalisada por duas metiltransferases, a gilcina sarcosina metiltransferase e a sarcosina dimetilglicina metiltransferase, com uma especificidade de substrato parcialmente sobreposta. As metiltranferases dos dois organismos apresentam uma elevada homologia de sequência. Os genes da metiltransferase *de E.halochloris* foram expressos com sucesso em *Escherichia coli, tendo* sido demonstrada a acumulação de betaína e uma melhor tolerância ao sal (Antti *et al.,* 2000).

As arqueas halófilas foram também avaliadas para a bioremediação em ambientes agressivos, para a degradação de poluentes orgânicos e para o tratamento de águas residuais têxteis concentradas, em especial o primeiro licor do banho de tingimento do processo de tingimento, que contém uma elevada carga salina (Margesin e Schinner, 2001). As bactérias halofílicas produtoras de biossurfactantes desempenham um papel significativo na recuperação acelerada de ambientes salinos poluídos por petróleo. Banat *et al.,* (2000) obtiveram resultados encorajadores para o controlo da poluição por hidrocarbonetos em locais marinhos que representam sistemas auto-suficientes. Os halófilos do domínio arqueal constituem a principal fonte de enzimas extremamente halofílicas. A produção de enzimas halofílicas, tais como xilanases, amilases, proteases e lipases, foi relatada para alguns halófilos pertencentes aos géneros *Acinetobacter, Haloferax, Halobacterium, Halorhabdus, Marinococcus, Micrococcus, Natronococcus, Bacillus, Halobacillus* e *Halothermothrix (Gomes* e Steiner, 2004).A aplicação industrial de enzimas capazes de resistir a condições adversas registou um grande aumento na última década. Este facto resulta principalmente da descoberta de novas enzimas a partir de microrganismos extremófilos (Demirjia, 2001).

Sa'nchez-Porro *et al.,* (2002) estudaram a diversidade de bactérias moderadamente halofílicas que produzem enzimas hidrolíticas extracelulares. O rastreio de bactérias de diferentes ambientes hipersalinos no Sul de Espanha levou ao isolamento de um total de 122 bactérias moderadamente halofílicas capazes de produzir diferentes hidrolases (amilases, DNases, lipases, proteases e pululanases). Estas bactérias são capazes de crescer de forma óptima em meios com 5-15% de sais e, na maioria dos casos, até 20-25% de sais. Em contraste com as estirpes pertencentes a espécies previamente descritas, que mostraram muito poucas actividades de hidrolase, o isolado ambiental produziu uma grande variedade de hidrolases. Estas estirpes foram identificadas como membros dos géneros: *Salinivibrio* (55 estirpes), *Halomonas* (25 estirpes), *Chromohalobacter* (duas estirpes), *Bacillus-Salibacillus* (29 estirpes), *Salinicoccus* (duas estirpes) e *Marinococcus* (uma estirpe), bem como oito isolados não identificados.

Uma bactéria facultativamente psicrófila com elevada atividade de catalase foi isolada de uma piscina de drenagem de uma fábrica de processamento de ovos de arenque que utiliza $H\ O_{22}$ como agente de branqueamento (Yumoto *et al.,* 1998). O isolado psicrofílico, estirpe S-1^T , foi identificado como uma nova espécie, *Vibrio rumiensis,* com base nas suas caraterísticas taxonómicas (Yumoto *et al.,* 1999). Esta bactéria é considerada resistente a condições hiperoxidativas. Embora as células individuais da estirpe S-1^T não apresentem uma forte resistência ao $H\ O_{22}$. A fragilidade da estrutura celular facilita a libertação rápida de catalase das células e, por conseguinte, protege o grupo reduzindo a quantidade de H2O2 que existe à volta das células (Ichise *et al.*, 1999).

Tiquia *et al.,* (2007) pesquisaram um total de 125 isolados de águas fluviais e de águas subterrâneas pouco profundas ao longo do rio Rouge, no sudeste do Michigan. Isolados representativos de morfologias distintas foram submetidos a testes fisiológicos, utilizando tiras API e identificados por análise da sequência de 16 rDNA. O ensaio API mostrou que a maioria dos isolados era positiva para as enzimas triptofano desaminase, gelatinase e betagalactosidase. A produção de indol, a produção de acetoína e a utilização de citrato não foram observadas em nenhum dos isolados. A fermentação de hidratos de carbono foi observada em muito poucos isolados. A principal enzima encontrada em todos os isolados foi a arginina dihidrolase, o que pode ser um indicador da presença de tal enzima em bactérias halofílicas e halotolerantes presentes no rio Rouge.

As proteases bacterianas são um grupo bem estudado de hidrolases que catalisam a hidrólise total de proteínas. Foram caracterizadas algumas proteases de halófilos extremos, membros do ramo filogenético archael (Norberg e Hofsten, 1969; Kamekura e Seno 1990; Kamekura *et al.*, 1992; Stepanov *et al.*, 1992; Ryu *et al.*, 1994; Gimenez *et al.*, 2000).

O rastreio e o isolamento de halófilos moderados com atividade de protease permitirão a caraterização das enzimas e a clonagem dos genes codificadores. A possibilidade de utilizar enzimas de bactérias halofílicas em processos industriais tem a vantagem de ter actividades óptimas em concentrações elevadas de sal. O interesse nestas enzimas reside tanto no seu potencial biotecnológico para novas aplicações como na necessidade de uma melhor compreensão das suas propriedades intrínsecas de resistência ao sal e dos mecanismos de estabilização que permitem que as enzimas extracelulares dos halófilos tenham atividade nos ambientes extremos em que estes microrganismos são habitantes normais. (Ventosa *et al.*, 1998).

Quando carente de fosfato inorgânico, a arqueobactéria extremamente halofílica *Haloarcula marismortui* produz a enzima fosfatase alcalina e segrega-a para o meio. A atividade enzimática da fosfatase alcalina halofílica é máxima a pH 8,5, e a enzima é inibida pelo fosfato. Ao contrário da maioria das fosfatases alcalinas, a enzima halobacteriana requer iões $Ca+$ e não $Zn+$ para a sua atividade. Tanto os iões de cálcio (na gama milimolar) como o NaCl (na gama molar) são necessários para a estabilidade da enzima (Sarah *et al.*, 1990).

Amoozegar *et al.*, (2002) estudaram a produção de amilase por *Halobacillus* sp. estirpe MA-2 moderada recentemente isolada. A produção de amilase extracelular foi demonstrada sob condições de stress de alta temperatura e alta salinidade em cultura aeróbica de uma bactéria moderadamente halofílica recentemente isolada de *Halobacillus* sp. estirpe MA-2 formadora de esporos em meio contendo amido, peptona, extrato de carne de vaca e NaCl. A produção máxima de amilase foi secretada na presença de 15% (p/v) de $Na_2 SO_4$ (3,2 U ml_ 1). O isolado foi capaz de produzir amilase na presença de NaCl, NaCHaCOOH ou KCl, com os resultados NaCl>NaCH3COOH>KCl. A atividade máxima de amilase foi exibida no meio contendo 5% (w/v) de NaCl (2,4 U ml_ 1). Várias fontes de carbono induziram a produção de enzimas. O potencial de diferentes hidratos de carbono na produção de amilase estava na ordem: dextrina>amido>maltose>lactose>glicose>sacarose. Na presença de arsenato de sódio (100 mM), a produção máxima da enzima foi observada em 3,0 U ml_ 1. O sulfato de cobre (0,1 mM) diminuiu consideravelmente a produção de amilase, enquanto o nitrato de chumbo não teve um aumento significativo na produção de amilase (p < 0,05). O pH, a temperatura e a aeração ótimos para a produção de enzimas foram 7,8, 30 jC e 200 rpm, respetivamente, enquanto o pH e a temperatura ótimos para a atividade enzimática foram 7,5-8,5 e 50 jC, respetivamente.

A produção de amilase extracelular pelo halófilo moderado *Halomonas meridiana* foi optimizada e a enzima foi caracterizada bioquimicamente. A produção mais elevada de amilase foi obtida através do cultivo de culturas de *H.meridiana* em meios com 5 % de sais e amido, na ausência de glucose até ao final da fase exponencial. A amilase exibiu atividade máxima a pH 7,0, sendo relativamente estável em condições alcalinas. A temperatura e a salinidade óptimas para a atividade foram 37 °C e 10% de NaCl, respetivamente.

Além disso, foi detectada atividade em salinidade tão elevada como 30% de sais. A maltose e a maltotriose foram os principais produtos finais da hidrólise do amido, indicando uma atividade de a-amilase (Maria *et al.*, 1999).

Onishi (1972) estudou a produção de amilase halofílica a partir de um *Micrococcus* moderadamente halofílico Um *Micrococcus* sp. moderadamente halofílico, isolado de sal solar não refinado, produziu uma quantidade considerável de amilase dextrinogénica extracelular quando cultivado aerobicamente em meios contendo 1 a 3 M de NaCl. A amilase *de Micrococcus* teve atividade máxima a *pH* 6 a 7 em 1,4 a 2 M de NaCl ou KCl a 50 C. O ião cálcio e uma concentração elevada de NaCl ou KCl foram essenciais para a atividade e estabilidade da amilase. A resposta salina da amilase dependia muito do pH e da temperatura do ensaio enzimático.

Um halófilo moderado, *Micrococcus halobius* ATCC 21727, produziu uma amilase dextrinogénica extracelular quando cultivado em meios contendo 1 a 3 M de NaCl. A amilase foi purificada a partir do filtrado da cultura para um estado electroforeticamente homogéneo por formação de complexos de glicogénio, cromatografia de dietilaminoetilcelulose e filtração em gel Bio-Gel P-200. A enzima teve atividade máxima a pH 6 a 7 em NaCl 0,25 M ou KCl 0,75 M a 50 a 55°C. O padrão de ação sobre a amilose, o amido solúvel e o glicogénio mostrou que os produtos eram maltose, maltotriose e maltotetraose, com uma quantidade menor de glucose. (Onishi e Sonoda, 1979)

A amilase *de Halobacterium halobium* teve uma atividade óptima a pH 6,4 a 6,6 em tampão de sódio, B-glicerofosfato contendo 0,05% de NaCl a 55 C; não foi necessário Ca2+. Os produtos finais da amilose foram a maltose, a maltotriose e a glucose. A amilase, que era desprovida de atividade transglicosilase, tinha um mecanismo de ataque de várias cadeias (Good e Hartman 1970).

Kobayashiet *et al.,* (1986) estudaram a produção de amilase pelo halófilo moderado *Micrococcus varians* subsp. *halophilus* ATCC 21971. A produção de amilase foi mais elevada em meio 2 M NaCl com maltose como indutor. A produção de amilase também foi suportada por 1,5-3,0 M de NaBr ou 2-4 M de NaNO sub. No entanto, com concentrações de sal inferiores, a amilase produzida foi inactivada durante o cultivo. Apresentaram uma atividade máxima com 0,75 a 1 M de NaCl ou KCl.

Uma arqueobactéria haloalcalifílica, *Natronococcus sp.* estirpe Ah-36, produziu extracelularmente uma amilase formadora de maltotriose. A amilase foi purificada até à homogeneidade por precipitação com etanol, cromatografia de hidroxilapatite, cromatografia hidrofóbica e filtração em gel. O peso molecular da enzima foi estimado em 74.000 por eletroforese em gel de dodecil sulfato de sódio-poliacrilamida. A amilase exibiu atividade máxima a pH 8,7 e 55 graus C na presença de 2,5 M NaCl. A atividade perdeu-se irreversivelmente a uma força iónica baixa. O KCl, o RbCl e o $CsCl_2$ podiam substituir parcialmente o NaCl em concentrações mais elevadas. A amilase foi estável na gama de pH 6,0 a 8,6 e até 50 graus C na presença de 2,5 M de NaCl. A estabilização da enzima pelo amido solúvel foi observada em todos os casos. A atividade da enzima foi inibida pela adição de 1 mM ZnCl2 ou 1 mM N-bromosuccinimida. A amilase hidrolisou o amido solúvel, a amilose, a amilopectina e, mais lentamente, o glicogénio para produzir maltotriose com pequenas quantidades de maltose e glucose de configuração alfaconfigurada. Os malto-oligossacáridos que vão da maltotetraose à maltoheptaose também foram hidrolisados; no entanto, a maltotriose e a maltose não foram hidrolisadas mesmo com um tempo de reação prolongado. A atividade da transferase foi detectada utilizando maltotetraose ou maltopentaose como substrato. A amilase hidrolisou a gama-ciclodextrina. A alfa-ciclodextrina e a beta-ciclodextrina, no entanto, não foram hidrolisadas, embora estes compostos tenham actuado como inibidores competitivos da atividade da amilase. A análise de aminoácidos mostrou que a amilase era carateristicamente enriquecida em ácido glutâmico ou glutamina e em glicina. (Kobayashi *et al.*, 1992)

Khire, (1992) estudou a produção de amilase moderadamente halofílica por Micrococcus sp. 4 recentemente isolado de uma salina. *Micrococcus sp.* 4, isolado da água de uma salina da Índia, produziu amilase extracelular quando cultivado aerobicamente em meio contendo farelo de trigo, peptona, extrato de carne de vaca e cloreto de sódio. Outros sais, como o nitrato de sódio, o nitrato de potássio e o sulfato de sódio, também se revelaram adequados para o crescimento e a produção de enzimas. A atividade máxima de amilase ($1,2$ UI ml^{-1}) foi segregada na presença de 1 mol l^{-1} cloreto de sódio. A enzima requer a presença de cloreto de sódio, cloreto de potássio, nitrato de sódio, citrato de sódio ou acetato de sódio para a sua atividade. A atividade máxima foi encontrada na presença de 1 mol l^{-1} cloreto de sódio. O pH e a temperatura óptimos para a atividade da enzima foram 7,5 e 50°C, respetivamente.

Uma estirpe *de Bacillus subtilis* JS-2004 recentemente isolada foi cultivada em meios líquidos contendo resíduos de amido de batata para produzir a-amilase. Foi estudado o efeito da suplementação do meio de produção com cálcio, extrato de levedura e glucose no crescimento bacteriano e na produção de enzimas. A produção máxima de enzima 72 U/mL foi alcançada após 48 h de cultivo a pH 7,0 e 50 °C. A adição de cálcio e de extrato de levedura aumentou o crescimento microbiano e a produção de enzimas, ao passo que a glucose a 1,0% mostrou uma forte repressão. Estudos sobre a caraterização da a-amilase em bruto revelaram que a atividade óptima se situava a pH 8,0 e a 70 °C. A enzima foi bastante estável durante 1 h a 60 e 70 °C, enquanto a 80 e 90 °C, 12% e 48% das actividades originais foram perdidas, respetivamente. Após incubação da solução de enzima bruta durante 24 h a pH 8,0 a 70 °C, observou-se uma diminuição de cerca de 6% da sua atividade original. A enzima foi activada por Ca^{2+} (atividade relativa de 117%). Foi fortemente inibida por Co^{2+}, Cu^{2+}, e Hg^{2+} mas menos afetada por Mg^{2+}, Zn^{2+}, Ni^{2+}, Fe^{2+}, e Mn^{2+}. A estirpe *B. subtilis* JS-2004 produziu níveis elevados de a-amilase termoestável com caraterísticas adequadas para aplicação no processamento de amido e nas indústrias alimentares. (Asgher *et al.*, 2005)

A alfa-amilase foi produzida por *Bacillus subtilis* utilizando casca de banana numa fermentação em estado sólido (SSF). Foi investigado o efeito da variação do período de incubação, do nível de substrato, do pH do meio, da temperatura de incubação, da peptona (fonte de azoto) e dos micronutrientes na produção de a-amilase. A atividade máxima de a-amilase (9,06 UI/mL/min) foi registada após 24 horas de SSF a pH 7 e 35° C temperatura do meio ótimo de casca de banana contendo 50 g de casca de banana fresca picada (substrato), 0,2% de peptona, 0,02% de MgSO4.7H2Ü, 0,04% de CaCl2.2H2Ü e 0,1% de KH2PO4. A enzima produzida por *Bacillus subtilis* pode ser utilizada em processos industriais após caraterização (Kokab *et al.*, 2003).

Foram efectuados estudos sobre a produção de a-amilase com uma estirpe bacteriana isolada de uma amostra de solo. As células foram cultivadas num meio mineral contendo amido solúvel como única fonte de carbono. A adição de cálcio (10 mM) ou peptona (1%) e extrato de levedura (0,5%) ao meio mineral encurtou o período de atraso e melhorou o crescimento e a síntese de a-amilase. A adição de glucose à cultura diminuiu fortemente a síntese de a-amilase, demonstrando que um efeito clássico da glucose está a funcionar neste organismo. A temperatura óptima e o pH inicial do meio para a síntese de amilase pelo organismo foram 50°C e 7,0, respetivamente. O pH e a temperatura óptimos para a atividade foram 6,0 e 50°C, respetivamente. O extrato enzimático reteve 100% de atividade quando incubado durante uma hora a 90°C e 40% a 60°C durante 24 h. A adição de glucose à cultura diminuiu muito a síntese de a-amilase (Eduardo e Lelis 2000)

Foi estudada uma a-amilase extracelular da estirpe DD1 *de B. dipsosauri* utilizando o substrato sintético 2-cloro-4-nitrofenil-a-D-maltotriosídeo. A formação da enzima foi induzida pelo amido, reprimida pela D-glucose e mais elevada após o crescimento em meio contendo 1-0 mol l^{-1} KCl. A atividade da a-amilase aumentou com a concentração de KCl, apresentou um pH ótimo de 6-5, foi estável até 60 °C e foi estimulada por 1-0 mol l^{1} Na2SO4. (Deutch, 2002)

A produção de a-amilase em fermentação em estado sólido por *Bacillus cereus* MTCC 1305 foi investigada utilizando farelo de trigo e resíduos de fabrico de flocos de arroz como substratos. Com farelo de trigo, foi observada a maior produção de enzima expressa em unidades por massa de substrato seco {(94±2)U/g). Os parâmetros de produção foram optimizados como o tamanho do inóculo 10 % (volume por massa) e o rácio substrato: humidade 1:1. Entre as diferentes fontes de carbono suplementadas, a glucose (0,04 g/g) mostrou uma maior produção de enzimas (122±5) U/g). A suplementação de diferentes fontes de azoto (0,02 g/g) mostrou um declínio na produção de enzimas. A atividade óptima da enzima a-amilase foi observada a 55 °C e pH=5. A 75 °C, a enzima apresentou 90 % de atividade em comparação com 55 °C. (Anto *et al.*, 2006)

O Bacillus sp. produtor de amilase foi isolado de resíduos alimentares estragados, que produziu 30 U ml-1 de amilase em meio contendo 4% de amido e 2% de extrato de levedura a 37°C, pH 7,0 após 20 h de incubação. A atividade máxima da amilase foi a pH 7,0 e 37°C. A enzima reteve 70% de atividade a pH 9,0. Apresentou 77% de atividade a 42°C e diminuiu para um valor baixo de 25% a 52°C, provando que é sensível à temperatura. Além disso, a enzima identificada mostrou uma atividade máxima (32 U/ml) com dodecil sulfato de sódio em comparação com outros aditivos. Verificou-se que o trigo é uma fonte natural adequada para a produção máxima de atividade de amilase. (Sudharhsan *et al.*, 2007)

O Bacillus licheniformis SPT 27 é um isolado que produz alfa amilase extracelular com atividade numa vasta gama de pH e relativamente estável. O isolado *B. lichenformis*, no entanto, produz baixos rendimentos de amilase. Os nossos resultados mostram que a produção de amilase é maior na presença de amido, com o amido *de Amarantus peniculatus* a produzir a maior quantidade de amilase. Entre os açúcares, a frutose suporta a produção máxima de amilase. Das fontes de azoto testadas, a peptona e o hidrogenofosfato de amónio foram as melhores fontes orgânicas e inorgânicas, respetivamente. A relação C:N considerada óptima foi de 1:1 (Dharani, 2004)

As extremózimas têm um grande potencial económico em muitos processos industriais *(por exemplo,* agricultura, alimentos, rações e bebidas, detergentes, têxteis, couro, pasta de papel e papel). Embora existam opiniões controversas sobre o potencial dos extremófilos, algumas empresas (*por exemplo*, Diversa, Genencor International Inc., Novozymes) e vários grupos de investigação estão a investir dinheiro e tempo na procura destes micróbios e de novas aplicações de extremozimas e acreditam firmemente que as novas descobertas irão revolucionar a biotecnologia. Esta confiança renovada na biotecnologia enzimática pode ter surgido como resultado do sucesso das tecnologias baseadas no genoma que estão atualmente a ser utilizadas. Espera-se que muitas extremozimas sejam descobertas nos próximos anos e que as extremozimas sejam utilizadas em novos processos biocatalíticos. (Gomes e Steiner, 2004)

Até à data, foi caracterizado um grande número de enzimas de degradação de polissacáridos (*por exemplo,* celulases, amilases, pululanases, xilanases, mananases, pectinases e quitinases), proteases, lipases, esterases e fitases. Muitos destes resultados foram apresentados em algumas revisões excelentes (Adams *et al.,* 1995). As indústrias necessitam de vários tipos de enzimas termoestáveis. As indústrias de detergentes, alimentos, rações, amido, têxtil, couro, pasta e papel e farmacêutica são os principais utilizadores de enzimas (Bertoldo 2002). A indústria do amido é um dos maiores utilizadores de enzimas amilolíticas termoestáveis (*por exemplo,* amilases, glucoamilases e isoamilases ou pululanases) para a hidrólise e a modificação do amido com vista à produção de glucose e de vários outros produtos. Um novo domínio de aplicação crescente da a-amilase é o dos detergentes para a lavagem de roupa e de louça (Van der Maarel *et al.,* 2002)

5. MATERIAIS E MÉTODOS

Todo o trabalho de investigação foi efectuado no laboratório de investigação em microbiologia da Universidade Quaid- e-Azam, Islamabad.

<u>QUÍMICOS:</u>

A maioria dos compostos químicos e dos componentes do meio foram obtidos junto da BDH Laboratory Chemical Division (Poole, Dorset, Inglaterra), DIFCO Laboratories (Detroit, Michigan, EUA), Fluka granite CH-9470 Buchs, Sigma Chemicals Co., St. Louis, E. Merck (Dernstadt, Alemanha), ICI America 9211 North Harborgate street Portland e AVOCADO Research Chemicals Ltd., Shore Road, Heysham Lance.

<u>CRESCIMENTO E MANUTENÇÃO DE CULTURAS BACTERIANAS:</u>

Foram utilizados meios de ágar nutriente e caldo para o crescimento e caraterização das estirpes bacterianas.

A composição do caldo nutritivo é a seguinte

Peptona	5g
Extrato de levedura	3g
Água destilada	1000ml

O ágar (2%) foi utilizado como agente solidificador. Foi adicionado NaCl ao meio, uma vez que o nosso objetivo era isolar halófilos. Os meios e os aparelhos foram esterilizados em autoclave a 121 °C, 15 psi durante 20 minutos.

MÉTODO ANALÍTICO:

O crescimento bacteriano foi medido através da absorvância a λ 600 nm. Todas as medições espectrofotométricas foram registadas no espetrofotómetro Agilent 8453 UV λ 240. A análise da enzima amilase foi efectuada espectrofotometricamente a λ240 nm.

<u>ISOLAMENTO DE BACTÉRIAS HALÓFILAS DE AMOSTRAS DE SOLO:</u>

RECOLHA DE AMOSTRAS DE SOLO:

Foram recolhidas amostras de solo da mina de sal de Khewra e das suas imediações com elevadas concentrações de sal. Estas amostras foram testadas para detetar a presença de micróbios com capacidade de crescimento mesmo em concentrações mais elevadas de sal

NaCl, denominados halófilos. As amostras de solo foram designadas por S1, S2, S3, S4, S5 e S6.

ISOLAMENTO DA ESTIRPE BACTERIANA:

Foram preparadas suspensões de solo de seis amostras de solo misturando 0,5 g em 1 ml de água destilada e esta suspensão foi diluída duas vezes. Utilizando uma pipeta esterilizada, distribuíram-se 100 pl sobre placas de ágar nutriente contendo NaCl. Utilizou-se uma espátula de vidro, mergulhada em álcool, inflamada e arrefecida, para espalhar a suspensão de solo nas placas. As placas foram incubadas a 37 °C durante 24 horas para o crescimento de bactérias. Após 24 horas, as placas foram observadas quanto ao crescimento bacteriano. As colónias de morfologia e cor diferentes foram colhidas cuidadosamente em condições estéreis e subcultivadas separadamente em placas de ágar nutriente. As placas foram incubadas à temperatura óptima durante 24 horas e observou-se o crescimento de bactérias halófilas.

RASTREIO DE ISOLADOS BACTERIANOS:

As colónias bacterianas foram cuidadosamente isoladas em condições estéreis num meio de ágar nutriente com uma concentração de NaCl de 3%. Foram isoladas nove estirpes bacterianas, designadas por: **HS1, HS2, HS3, HS4, HS5, HS6, HS7, HS8 e HS9**.

A concentração de sal foi aumentada sucessivamente para selecionar as bactérias halófilas extremas. As nove estirpes bacterianas isoladas foram subcultivadas em placas de ágar nutriente com concentrações crescentes de sal, de 3% a 27% de NaCl, e incubadas durante 2-3 dias. Foram selecionadas as bactérias que se mostraram resistentes à maior concentração de sal.

IDENTIFICAÇÃO E CARACTERIZAÇÃO DE ISOLADOS BACTERIANOS SELECCIONADOS:

Caracterização morfológica e cultural:

Morfologia da colónia:

As caraterísticas culturais dos microrganismos são uma ajuda para identificar os organismos e para os classificar em grupos taxonómicos. O crescimento em placas de ágar nutriente foi utilizado para demonstrar colónias bem isoladas da seguinte forma:

Tamanho: (Ponto, pequeno, moderado, grande)

Pigmentação: (Cor da colónia)

Forma: (Circular, Irregular, Rizoide)

Margem: (Inteira, lobada, ondulada, serrilhada, filamentosa)

Elevação: (plano, elevado, convexo)

Coloração de Gram:

Utilizando uma técnica estéril, foi preparado um esfregaço do isolado (HS-6), seco e fixado a quente em lâminas. O esfregaço foi inundado com violeta cristal e deixado em repouso durante um minuto. Em seguida, foi lavado com água de fita e inundado com iodo de Gram. Deixou-se repousar durante um minuto e, em seguida, lavou-se com água de fita; descolorizou-se com álcool etílico a 95% e lavou-se novamente com água de fita. Depois disso, foi contra-corada com safranina durante um minuto e lavada com água de fita. A lâmina foi seca ao ar e examinada com a objetiva de emulsão de óleo.

Coloração de esporos:

Ao contrário da maioria dos tipos de células vegetativas que se coram por procedimentos comuns, os esporos, devido às suas camadas impermeáveis, não aceitam facilmente a coloração primária. Para aumentar a penetração, é necessária a aplicação de calor. Utilizando uma técnica estéril, foi preparado um esfregaço do isolado, seco e fixado a quente numa lâmina. O esfregaço foi inundado com o corante primário verde de malaquite e aquecido durante 2-3 minutos. Em seguida, foi lavado com água da torneira e, em seguida, foi contra-corado com safranina durante um minuto e lavado com água. A lâmina foi seca e examinada sob emulsão de óleo.

CARACTERÍSTICAS BIOQUÍMICAS:

A estirpe isolada (HS-6) foi caracterizada bioquimicamente de acordo com o Bergey's Manual of Determinative Bacteriology (9th Edition) e foram efectuados os seguintes testes.

Teste triplo de ferro de açúcar para fermentação de Lactose/Glicose:

As lâminas foram preparadas com ágar de teste de ferro e açúcar triplo (TSI) suplementado com 5% de NaCl.

Os isolados foram inoculados assepticamente com a ajuda de uma agulha de inoculação por meio de inoculação por punhalada e estrias e incubados durante 24 horas a 37 °C. e inoculação em estrias e incubado durante 24 horas a 37 °C. A cor vermelha rosada da lâmina representou a reação alcalina e a cor amarela indicou a fermentação com produção de ácido. A reação do rabo deveu-se à fermentação da glucose e a do declive à fermentação da lactose.

Teste de indole e H2S:

O reagente utilizado para verificar a produção de indole foi preparado do seguinte modo

Álcool Amílico	150ml
p-dimetilamina benzaldeído	10g
Ácido clorídrico	50ml

Reagente de Kovac (indole):

Para a produção de indol, foram preparados tubos profundos de ágar suplementados com 5% de NaCl. A estirpe bacteriana HS-6 foi inoculada no respetivo tubo de fundo rotulado por meio de uma inoculação por punhalada e incubada durante 24 horas a 37 °C. Este teste é utilizado para determinar a capacidade dos microrganismos para degradar o aminoácido triptofano e convertê-lo em ácido indol pirúvico e amoníaco. A presença de indol foi detectada pela adição do reagente de Kovac. A produção de uma camada de reagente vermelho-cereja indica a presença de indol, enquanto a ausência de camada vermelha confirma a sua ausência. O H2S gasoso pode ser produzido pela redução, ou seja, hidrogenação, da sulfona orgânica presente no aminoácido cisteína, que é o componente das peptonas contidas no meio. Independentemente da via utilizada, o gás de sulfureto de hidrogénio era incolor. O sulfato ferroso de amónio presente no meio serviu de indicador ao combinar-se com o gás, formando um precipitado negro insolúvel de sulfato ferroso observado ao longo da linha de inoculação da punhalada e indicando a presença de produção de $H_2 S$.

Teste de utilização de citrato:

Foram inoculadas assepticamente placas de ágar citrato de Simmon suplementadas com 5% de NaCl e incubadas durante 24 horas a 37 °C. Este teste foi utilizado para determinar a capacidade das bactérias para fermentar citrato como única fonte de carbono. O teste positivo foi acompanhado de uma coloração azul e os resultados negativos não revelaram qualquer crescimento e a placa permaneceu verde.

Teste de redução de nitratos:

O meio utilizado para este ensaio foi o caldo de redução de nitratos e os reagentes utilizados foram preparados do seguinte modo

Solução A:

Ácido sulfonalico	8.0g
Ácido acético (5M) 30%	1000 ml

Solução B:

Alfa-naftilamina	5.0g
Ácido acético (5M)	1000ml

O caldo de redução de nitratos suplementado com 5% de NaCl foi inoculado com o isolado

de forma asséptica e incubado durante 24 a 48 horas a 37 °C. Este teste foi utilizado para determinar

a capacidade dos microrganismos para reduzir o nitrato (NO_3) a nitritos (NO_2) ou para além da fase de nitrito. A adição de reagentes (primeiro a solução A e depois a solução B) e a produção imediata de uma cor vermelho-cereja foi uma indicação de teste positivo. Foi adicionada uma pequena quantidade de pó de zinco aos tubos de ensaio, não se verificando a produção de cor vermelho-cereja após a adição dos reagentes. A produção de cor vermelho-cereja pela adição de pó de zinco foi um teste negativo e a ausência de alteração da cor confirmou um resultado positivo.

Teste da catalase:

Uma única colónia do isolado bacteriano foi colhida com um aplicador de madeira esterilizado e colocada numa lâmina de vidro. Em seguida, verteu-se uma gota de $H O_{22}$ sobre a colónia e a produção de bolhas indicou um resultado positivo e a ausência de bolhas um teste de catalase negativo.

Hidrólise da gelatina:

Para a hidrólise da gelatina foram utilizados os seguintes meios:

Peptona	5.0 g
Extrato de carne de bovino	3.0 g
Gelatina	120.0 g
NaCl	5.0 g
Água destilada	1000 ml

Todos os componentes foram pesados e dissolvidos em água destilada por ebulição e o pH foi ajustado a 6,8. O meio foi distribuído em volumes (5 ml) para tubos de ensaio e depois autoclavado a 121 °C durante 15 minutos. Os tubos de ensaio foram inoculados com uma cultura pura com 24 horas de idade e incubados durante 24 horas a 37 °C. Após a incubação, as culturas foram colocadas num frigorífico a 4 °C durante 30 minutos. As culturas que permaneceram liquefeitas produziram gelatinase e indicaram a hidrólise da gelatina. Enquanto as culturas que solidificaram no frigorífico não produziram gelatinase e indicaram resultados negativos.

Hidrólise da caseína:

A hidrólise da caseína foi efectuada no seguinte meio:

Peptona	5.0 g
Extrato	3.0 g
Ágar	15 g
Caseína	10 g
Água	1000 ml

Todos os componentes do meio foram pesados e dissolvidos em água destilada suplementada com 5 % de NaCl, uma vez que o isolado era um microrganismo halofílico. O meio foi autoclavado e foram preparadas placas de ágar. Após a inoculação e a incubação da placa de ágar, os organismos de cultura que segregam protease apresentam uma zona de proteólise, que é demonstrada por uma área clara em torno do crescimento bacteriano. Esta perda de opacidade é o resultado de uma reação hidrolítica que produz aminoácidos solúveis e não coloidais e representa uma reação positiva. Na ausência de atividade de protease, o meio que envolve o crescimento do organismo permanece opaco, o que indica uma reação negativa.

<u>Hidrólise lipídica:</u>

O meio seguinte foi utilizado para a hidrólise lipídica:

Peptona	5.0 g
Extrato de carne de bovino	3.0 g
Ágar	15.0 g

Triglicérido tributirina 10,0g

Todos os componentes foram dissolvidos por aquecimento, suplementados com 5% de NaCl e aquecidos a 90 °C. Em seguida, foi adicionada tributirina e emulsionada num misturador de varinha mágica, tendo o pH sido ajustado para 7,2. Desta forma, foram preparadas placas de tributirina.

Após a inoculação e a incubação, a atividade da lipase foi registada como liposes, o que é demonstrado por uma área clara em torno do crescimento bacteriano. Esta perda de opacidade é o resultado da reação hidrolítica que produz glicerol solúvel e ácidos gordos, o que representa uma reação positiva para a hidrólise dos lípidos. Na ausência de enzima lipolítica, o meio mantém a sua opacidade. Trata-se de uma reação negativa.

<u>Hidrólise do amido:</u>

Para a hidrólise do amido, o meio utilizado contém:

Peptona	5.0 g
Extrato de carne de bovino	3.0g
Amido (solúvel)	2.0g
Ágar	15.0g
Água destilada	1000 ml

Todos os componentes foram misturados e autoclavados. Foram preparadas placas de ágar-amido. Após inoculação e incubação durante 24 horas a 37 °C, as culturas nas placas de amido foram cobertas com solução de iodo. O amido na presença de iodo confere uma cor azul-preta ao meio, o que indica a ausência de enzimas de decomposição do amido e representa um resultado negativo. Se o amido tiver sido hidrolisado, aparece uma zona clara de hidrólise à volta do crescimento do organismo. Isto indica um resultado positivo.

Fermentação de hidratos de carbono:

Um meio típico de fermentação de hidratos de carbono contém:

Peptona	5.0 g
Extrato de carne de bovino	3.0g
Hidratos de carbono, por exemplo, glucose, xilose, arabinose, etc.	5.0g
Vermelho de fenol	0.018
Água destilada	1000 ml

O pH foi ajustado em torno de 7,0-7,3. A degradação da fermentação em condições anaeróbias foi efectuada num caldo de fermentação contendo um tubo de Durham, um frasco interior invertido para a deteção da produção de gás. Após a inoculação, os tubos contendo meio fermentativo foram mantidos em incubação a 37 °C durante 24 a 48 horas e observados quanto à mudança de cor de vermelho para amarelo e à produção de gás, que foi indicada por bolhas no tubo de Durham invertido. As culturas que não são capazes de fermentar um substrato de hidratos de carbono não alteram o indicador e os tubos ficam vermelhos, não havendo uma evolução concomitante de gás. Este facto foi considerado como uma reação negativa.

Teste da urease:

Preparou-se um caldo de ureia (0,9 g/95 ml) para o teste da urease. Este foi autoclavado, arrefecido e foram adicionados 5 ml de ureia (0,2g/5ml de água destilada) através de um filtro de seringa esterilizado. Após a inoculação com o organismo de teste, a cultura foi incubada durante 24-48 horas. A alteração da cor rosa do meio de cultura indica um teste positivo, enquanto a ausência de alteração da cor do meio de cultura indica um teste negativo.

Vermelho de metilo Teste de Proskauer de Vogas:

O caldo MR-VP foi preparado e distribuído em tubos de ensaio (5 ml cada) e autoclavado a 121 °C durante 15 minutos. Os tubos de ensaio foram então inoculados com uma cultura com 24 horas de idade e incubados a 37 °C. Para efeitos de deteção, foram preparados os seguintes reagentes.

Caldo MR-VP:

Peptona	7.0 g
Dextrose	5.0 g
Fosfato de potássio	5.0 g
Água destilada	1000 ml

Indicador de vermelho de metilo:

Vermelho de metilo	0.1 g
Etanol 95%	300 ml
Água destilada	2000 ml

Reagente de Barrit:

Para o teste VP, foi preparado o reagente de Barrit, constituído pela solução A e pela solução B.

Solução A:

Alfa-naftol	5.0 g
Etanol	100.0ml

Solução B:

Hidróxido de potássio	40.0 g
Água destilada	100,0 ml

Uma vez terminado o período de incubação, o isolado (HS-6) cultivado em tubos de ensaio foi dividido em duas partes e transferido para tubos de ensaio esterilizados frescos. A uma parte foram adicionadas 1-2 gotas de indicador vermelho de metilo. Uma cor vermelha brilhante foi considerada como teste positivo, enquanto que a ausência de mudança de cor foi considerada como teste negativo.

Na segunda parte, adicionou-se 1 ml de hidróxido de potássio (solução B) e 3 ml de alfanaftol. A reação positiva foi o desenvolvimento de uma cor rosa no espaço de 2-5 minutos. Durante este intervalo de tempo, os tubos de ensaio foram constantemente agitados para manter a reação.

<u>**DETERMINAÇÃO DA ACTIVIDADE DA AMILASE:**</u>

PRODUÇÃO DE ENZIMAS

PREPARAÇÃO DO INÓCULO

O inóculo foi preparado utilizando caldo de nutrientes suplementado com 5% de cloreto de sódio. O meio de 100 ml foi vertido num balão de 250 ml e, em seguida, o pH foi ajustado para 7,0 utilizando NaOH 1M e HCl 1M. O meio foi então autoclavado a 15lbs psi e 121°C durante 15 minutos. O meio foi então inoculado tomando 3 voltas completas de cada estirpe das placas de cultura frescas em condições esterilizadas. Os frascos foram então mantidos numa incubadora com agitador a 37°C e 150rpm durante 24 horas.

FERMENTAÇÃO EM FRASCO AGITADOR

A cultura por lotes em frascos agitados foi feita para fermentação para produzir extrato enzimático bruto extracelular. 10% deste inóculo foi vertido no meio de produção. O meio de produção para a produção de amilase é o meio líquido de extrato de levedura de amido. O meio líquido de extrato de levedura de amido contém

1. Amido solúvel   5gms.
2. Extrato de levedura   2gms.
3. K2HPO4   1gm.
4. MgSO4. 7H2O   0,5 gm
5. NaCl   50gms
6. Água destilada   1000ml

As amostras foram cultivadas em frascos de 250 ml contendo 100 ml de meio líquido de extrato de levedura de amido num agitador rotativo a 150 rpm e a 37°C durante 4 dias.

Foram colhidas amostras (10-15 ml) do frasco experimental após 24, 48, 72 e 96 horas. Estas amostras foram centrifugadas a 10.000 rpm, filtradas com papel de filtro e o filtrado foi conservado no frigorífico para posterior bioensaio.

ENSAIO ENZIMÁTICO PARA A PRODUÇÃO DE AMILASE

O método de Bernfeld (1955) foi utilizado para o ensaio da amilase.

Enzima bruta

Estas amostras foram centrifugadas a 10.000 rpm, filtradas com papel de filtro e o filtrado foi mantido no frigorífico para posterior bioensaio. Este filtrado serve como enzima bruta.

Reagentes:-

Meio de ensaio:

O meio de ensaio é constituído por 1% de amido solúvel em tampão fosfato 0,02M com pH 6,9.

Reagente DNS: O ensaio de enzimas de açúcares redutores é normalmente efectuado pelo método padrão de Bernfeld utilizando DNS (Bernfeld, 1955). O reagente de ácido dinitrosalicílico desenvolvido por Sumner e Sumner e Sisler e modificado por Miller fornece um teste sensível para a determinação de açúcares redutores numa variedade de fluidos biológicos (Miller 1959; Sumner 1921). A reação baseia-se na redução do açúcar pelo dinitrosalicilato em condições alcalinas para produzir 3-amino-5-nitrosalicilato. O reagente é composto por ácido dinitrosalicílico, tartarato de sódio e potássio (sal de Rochelle), fenol, bissulfito de sódio (sulfito de sódio) e hidróxido de sódio. Durante a reação, o desenvolvimento da cor é estabilizado pelo sal de Rochelle e reforçado pelo fenol, e o sulfito protege o reagente e o açúcar redutor da oxidação (Sumner e Sisler, 1944).

O DNS (ácido dinitrosalicílico) foi preparado pelo seguinte método.

Sol A

Ácido 3, 5 dinitrosalicílico= 5 gms.
NaOH   = 5 gms.

Água destilada   = 400 ml

Dissolver primeiro o DNS em água destilada e, quando estiver completamente dissolvido, adicionar NaOH.

Sol B

Tartarato de sódio e potássio (sal de Rochelle) = 91 g

Fenol (fundido a 50°C)   = 1 gm

Sulfito de sódio = 0,5 g

Dissolver completamente o sal de Rochelle e depois adicionar fenol e sulfito de sódio. Em seguida, juntar as duas soluções num frasco âmbar de 500 ml e conservá-lo no frigorífico.

Procedimento de ensaio:

Incubou-se 1 ml de extrato enzimático com 1 ml do meio de ensaio a 50°C durante 30 minutos. Após 30 minutos, foram adicionados 2 ml de DNS em cada mistura de reação de amido filtrado e mantidos em banho-maria a 100°C durante 5 minutos. Em seguida, as amostras foram arrefecidas em água corrente. A atividade enzimática foi medida com base no açúcar redutor libertado durante a reação. A quantidade de açúcar redutor libertado durante a reação foi estimada adicionando 2 ml de reagente DNS a 2 ml da mistura de reação de amido filtrado e, em seguida, a absorvância foi determinada a λ 540nm utilizando um espetrofotómetro UV-120-01 (Shizmadu). O controlo foi preparado da mesma forma, exceto que não contém o extrato enzimático.

$$Enzyme + soluble\ starch + DNS =======>Maltose$$

Unidade de atividade enzimática

Uma unidade de amilase é a quantidade de enzima em 1 ml de filtrado que liberta 1,0 ug de açúcar redutor a partir de uma solução de amido a 1,0% em 30 minutos a 50°C com pH 6,9.

Preparação da curva padrão:

A curva de calibração da maltose padrão foi preparada dissolvendo primeiro 250 mg de maltose em 100 ml de água destilada esterilizada e tomando 0,0 ul, 100,0 ul, 200 ul, 400 ul, 600 ul, 800 ul e 1000ul desta solução nos tubos de ensaio marcados como A, B, C, D, E, F e G e, em seguida, adicionando 1000 ul, 800ul, 600ul, 400ul, 200 ul e 0,0 ul de água destilada esterilizada, respetivamente, para perfazer o volume de 1 ml em cada tubo de ensaio.

Em seguida, em cada tubo, foram adicionados 3,0 ml de reagente DNS. O tubo A serviu de controlo ou banco. Em seguida, os tubos de ensaio foram colocados em água a ferver durante 5 minutos e arrefecidos durante 5 minutos sob água da torneira.

A densidade ótica foi medida a 540 nm no espetrofotómetro, ajustando-a a zero com a ajuda do controlo como branco

Os valores de açúcar redutor foram lidos e utilizados para desenhar uma curva padrão de absorvância em relação a ug de maltose ou mg de maltose por ml. A quantidade de açúcar redutor libertada por 1 ml do extrato enzimático do meio de ensaio de amido a 1% foi calculada a partir desta curva.

OPTIMIZAÇÃO DE VÁRIOS PARÂMETROS PARA A ACTIVIDADE DE AMILASE DA ESTIRPE ISOLADA:

Efeito do pH na atividade da amilase:

O efeito do pH no crescimento da estirpe bacteriana HS6 e na produção de amilase foi efectuado em meio de caldo nutriente que foi ajustado para pH 5,0. 6,0, 7,0, 8,0, 9,0, 10,0 e 11,0 a 30 °C e 150 rpm e 10% de tamanho de inóculo. A atividade da amilase e a concentração total de proteínas foram medidas após cada 24 horas.

Efeito da temperatura na atividade da amilase:

A produção de amilase pelo isolado bacteriano HS6 foi efectuada a 30, 37 e 50 °C, mantendo a velocidade de 150 rpm, pH 8 e 10% de tamanho de inóculo. A atividade da amilase e a concentração total de proteínas foram medidas de 24 em 24 horas até 96 horas.

Efeito de diferentes concentrações de sal (NaCl) na atividade da amilase:

O crescimento e a atividade da amilase foram observados utilizando diferentes concentrações de sal de NaCl, a saber 0%, 1%, 2%, 3%, 4%, 5%,6%, 7%, 8% e 9%, em meio de produção inoculado com isolado bacteriano HS6 (10% de tamanho de inóculo) e incubado a 30 °C e 150 rpm. A atividade da amilase (bernfeld 1955) e a concentração total de proteínas (Lowry *et al.,* 1951) foram medidas após cada 24 horas.

Efeito do tamanho do inóculo na atividade da amilase:

A atividade da amilase foi observada com diferentes tamanhos de inóculo, ou seja, 1%, 5%, 10%, 15% e 20%, inoculando o isolado bacteriano HS6 nos meios de produção. A atividade da amilase (Bernfeld 1951) e a concentração total de proteínas (Lowry *et al.,* 1951) foram medidas após cada 24 horas.

Efeito da idade do inóculo na atividade da amilase:

A atividade da amilase foi observada com inóculos de diferentes idades, isto é, 24 horas, 48 horas e 72 horas. A atividade da amilase (Bernfeld 1951) e a concentração total de proteínas (Lowry *et al.*, 1951) foram medidas após cada 24 horas

<u>Atividade específica da amilase (U/mg)</u>

Units/mg protein= <u>units/ml enzyme</u>
mg protein/ml enzyme

Estimativa de proteínas:

O método de Lowry *et al* (1951) foi utilizado para a estimativa das proteínas, tomando a BSA (albumina de soro bovino) como padrão. Os reagentes seguintes foram preparados e utilizados para a estimativa de proteínas:

Solução A:

Na2CO3	2 g
NaOH	0.40 g
Tartarato de NaK	1.0 g
Água destilada	100 ml

Em primeiro lugar, o $Na_2 CO_3$ foi dissolvido em água destilada e, no final, o tartarato de NaK.

Solução B:

CuSO4.5H_2 O   0.50 g

Água destilada100 ml

Solução C:

25 ml de solução A + 0,5 ml de solução B (a solução C deve ser preparada de fresco).

Solução D:

Fenol folínico e água destilada na proporção de 1:1, ou seja, 1,5 ml de fenol folínico + 1,5 ml de água destilada.

Procedimento:

Em cada tubo de ensaio, foram retirados 0,1 ml de amostra e adicionados 1 ml de solução C. Após 10 minutos, adicionou-se 0,1 ml da solução D. Após 30 minutos, procedeu-se à leitura no comprimento de onda de 650 nm.

6. RESULTADOS

No presente estudo, foram isoladas estirpes bacterianas halofílicas do solo da mina de sal de Khewra (Paquistão). Das estirpes isoladas, foi selecionada uma estirpe bacteriana halófila extrema através do aumento da concentração de sal (NaCl) no meio de cultura. Todos os isolados foram também selecionados para a produção de amilase e a estirpe que produziu o máximo de amilase foi escolhida para um estudo mais aprofundado. Também se estudou o efeito de diferentes parâmetros como a temperatura, o pH, a idade do inóculo, o tamanho do inóculo e a concentração de sal (NaCl) no crescimento e o seu efeito na atividade da amilase.

ISOLAMENTO E RASTREIO DE ISOLADOS BACTERIANOS HALÓFILOS:

Isolamento de bactérias halófilas de amostras de solo:

As amostras de solo foram recolhidas na mina de sal de Khewra, onde a concentração de sal é muito elevada. Quando as suspensões de solo da amostra (S1 a S6) foram colocadas em ágar nutriente, apareceram colónias de diferentes tipos e cores e de diferentes tamanhos, ou seja, cor-de-rosa, amarelas e brancas. Cada tipo e cor de colónia foi colhido cuidadosamente sob condições esterilizadas e transferido para placas de ágar nutriente suplementadas com NaCl e incubadas durante 2-3 dias. Após um período de incubação de 24 horas, o crescimento destas colónias foi observado ao microscópio para verificar a sua pureza. Após várias subculturas, nove estirpes na forma purificada foram isoladas da amostra de solo e designadas por HS1 a HS9.

A coloração de Gram mostrou que HS1 são bastonetes Gram negativos, HS4, HS6, HS7 e HS8 são bastonetes Gram positivos, e as estirpes HS3, HS5 e HS9 são *cocobacilos* Gram positivos. Enquanto a HS2 tem uma morfologia de bastonetes curtos agrupados. (Quadro 1).

Rastreio de isolados bacterianos:

Nove estirpes bacterianas halófilas isoladas e purificadas foram analisadas utilizando uma concentração de sal (NaCl) gradualmente aumentada para obter halófilos extremos. Das nove estirpes, apenas uma estirpe (HS6) registou crescimento a 27 % de NaCl, enquanto as restantes estirpes não registaram crescimento a essa concentração (quadro 2).

Rastreio da produção de amilase:

Estas nove estirpes HS1-HS9 foram analisadas quanto à produção de amilase. Para o efeito, foi efectuado um teste qualitativo por inundação de solução de iodo nas culturas cultivadas em meio de amido. Uma zona clara à volta do crescimento indicava a hidrólise do amido. Das 9 estirpes, 3 estirpes, ou seja, HS3, HS6 e HS6, apresentaram zonas claras que indicam a produção de amilase.

Rastreio do produtor de amilase através do método de ensaio enzimático:

O ensaio da amilase foi realizado pelo método de Bernfeld (1955) para as estirpes selecionadas. Todas estas três estirpes HS3, HS4 e HS6 apresentaram uma atividade de amilase de 18,71 U/ml, 16,19 U/ml e 21,1 U/ml, respetivamente, a pH 7 e 5% de concentração de sal. Por conseguinte, a estirpe HS6 foi selecionada para um estudo mais aprofundado.

Identificação e caraterização do isolado bacteriano selecionado:

A estirpe bacteriana isolada foi caracterizada de acordo com o manual de bacteriologia determinativa de Bergey. Com base na morfologia da colónia, na reação de Gram e nos testes bioquímicos, a estirpe bacteriana era constituída por bastonetes Gram positivos, não formadores de esporos e não móveis. Deu origem a uma abundante colónia rosa, arredondada e ligeiramente elevada. (Quadro 3).

Os testes bioquímicos mostraram que o teste de ferro de açúcar triplo, a utilização de citrato, a produção de indol e H2S, MR-VP, hidrólise lipídica, atividade de urease, lactose, arabinose, xilose, manitol, inositol, fermentação de lactose foram todos negativos, enquanto a atividade de catalase de hidrólise de gelatina, a hidrólise de amido, a redução de nitrato e a hidrólise de caseína foram positivas. Com base nestes resultados, esta estirpe foi identificada como *Bacillus circulans*. (Tabela 4, e 5)

Tabela 1: Caracterização morfológica dos isolados bacterianos

BACTERIAL ISOLATE	GRAM STAIN	CELL MORPHOLOGY
HS1	Negative	Short flat rods
HS2	Positive	Short clustered rods
HS3	Positive	Rods
HS4	Positive	Rods
HS5	Positive	*Coccobacillus*
HS6	Positive	Rods
HS7	Positive	Rods
HS8	Positive	Rods
HS9	Positive	*Coccobacillus*

Tabela 2: Resistência máxima da concentração de sal para o crescimento de diferentes isolados bacterianos

Strain	Salt concentration %(NaCl)
HS1	26%
HS2	9%
HS3	22%
HS4	27%
HS5	20%
HS6	14%
HS7	24%
HS8	20%
HS9	14%

Quadro 3: Caraterísticas morfológicas da colónia bacteriana de HS-6 em placa de ágar nutriente

Bacterial strain	Size	Pigmentation	Form	Margin	Elevation
HS-4	Moderate	Light pink	Circular	Entire	Slightly raised

Quadro 4: Caraterísticas bioquímicas do isolado bacteriano HS-6

Biochemical tests	Bacterial isolate
	HS-6
Gram stain	Gram positive Rods
Spore stain	Non-spore former
Motility	Non-motile
Triple sugar iron test (slant/butt/gas)	Positive (slant-yellow, butt-red, no gas production)
Indole /H$_2$S production	Negative
Citrate utilization test	Negative

Nitrate reduction test	Negative
Catalase test	Positive
Methyl red	Negative
Vogas proskauer	Negative
Gelatin hydrolysis	Negative
Casein hydrolysis	Negative
Starch hydrolysis	Positive
Lipid hydrolysis	Negative
Urease test	Negative
Species	***Bacillus circulans***

Tabela 5: Fermentação de hidratos de carbono pela estirpe bacteriana HS-4

Sugars	Acid production	Gas production
Glucose	-	-
Xylose	-	-
Fructose	-	-
Lactose	-	-
Arabinose	-	-
Mannitol	-	-
Sucrose	-	-
Inositol	-	-
Rhamnose	-	-

<u>**OPTIMIZAÇÃO DE VÁRIOS PARÂMETROS PARA A ACTIVIDADE DE AMILASE DA ESTIRPE ISOLADA:**</u>

Efeito do pH na produção de amilase por *Bacillus circulans* HS-6:

A produção de amilase foi verificada em diferentes pH, desde a gama ácida à básica, ou seja, 4-11. A produção da enzima aumentou do lado ácido para o lado básico, dando uma atividade máxima a pH 8. O pH ótimo para a produção máxima de amilase foi o pH 8 após 72 horas de incubação por *B. circulans* HS-6, ou seja, 28,17 U/ml. Não foi observada qualquer atividade a pH 3,0 e 4,0 porque o isolado bacteriano HS-6 não apresentou crescimento visível. A pH 5, 6, 7, 8, 9, 10 a atividade específica da amilase foi de 14,88, 24,41, 28,17, 19,41, 17,51 e 12,61 U/mg respetivamente (Figuras 1 e 2).

Efeito da temperatura na produção de amilase por *Bacillus circulans* HS-6:

A produção da enzima foi verificada pelo isolado bacteriano HS-6 a três temperaturas diferentes, ou seja, 30°C, 37°C e 50°C. É evidente a partir dos resultados obtidos que a atividade máxima de amilase foi observada a 30°C após 48 horas de incubação, ou seja, 40,14 U/ml, enquanto a atividade específica da amilase (U/mg) foi de 41,17 U/mg. A 37°C, a atividade da amilase foi de 26,24 U/ml e a sua atividade específica foi de 26,05 U/mg após 24 horas de incubação no filtrado enzimático bruto. (Tabela A-7, A-8) A 50°C, foi observada uma diminuição na atividade da amilase, isto é, 17,45 U/ml após 48 horas de incubação (Fig. 3 e 4).

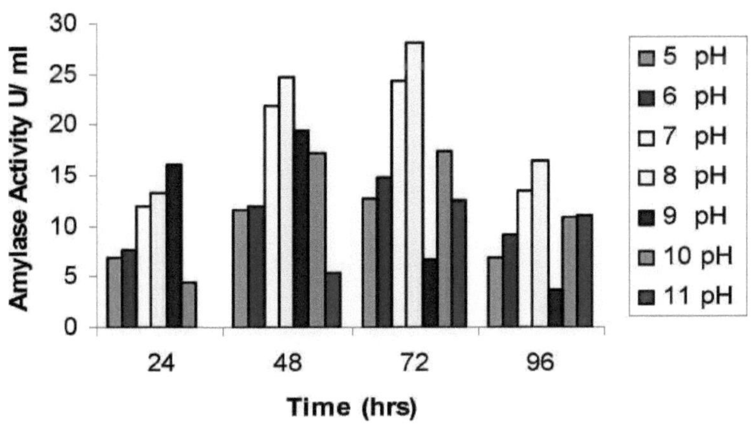

Fig 1: Atividade da amilase a diferentes pH

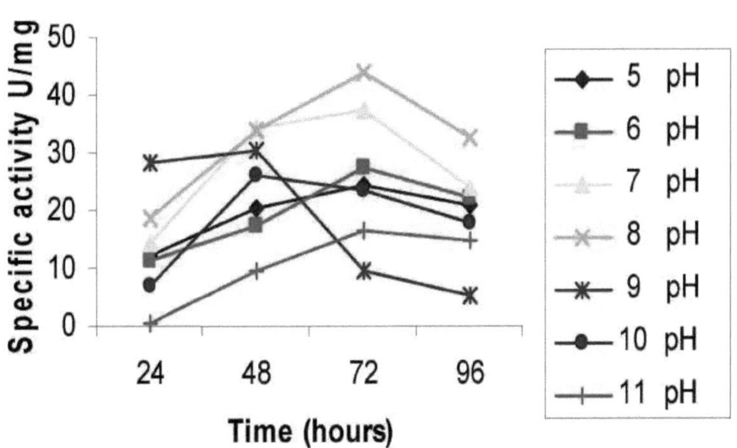

Fig 2: Atividade específica da amilase a diferentes pH

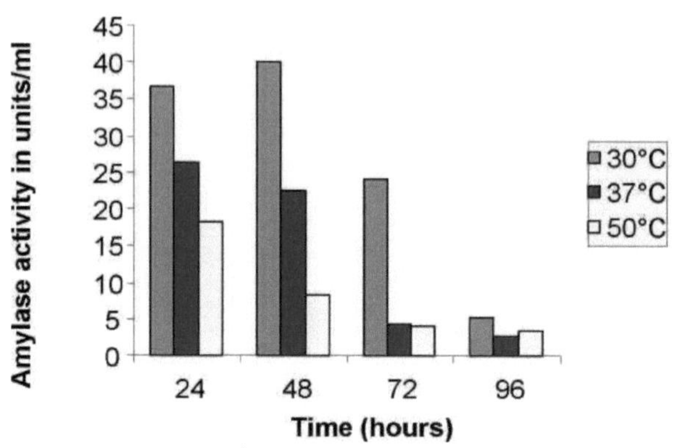

Fig. 3: Atividade da amilase a diferentes temperaturas °C

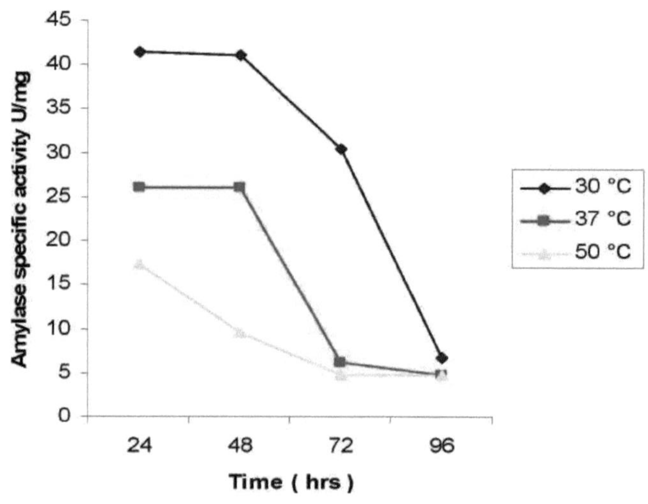

Fig4: Atividade específica da amilase a diferentes temperaturas °C

Efeito da concentração de sal (NaCl %) na produção de amilase por *Bacillus circulans* HS-6:

As concentrações de sal também mostraram o seu efeito na produção de amilase quando as culturas de *B. cereus* HS-6 foram incubadas durante 96 horas a 30°C. A concentração óptima de sal para a atividade máxima de amilase foi de 3%, ou seja, 46,07 U/ml com atividade específica de 80,62 U/mg. Não foi observado qualquer crescimento e atividade visíveis a 10%, 11%, 12% e 13% após 96 horas de incubação (Figuras 5 e 6).

Efeito do tamanho do inóculo na produção de amilase por *Bacillus circulans* HS-6:

A produção de enzimas foi verificada pelo isolado bacteriano HS-6 com cinco tamanhos de inóculo diferentes, ou seja, 1%, 5%, 10%, 15% e 20%. É evidente a partir dos resultados obtidos que a atividade máxima de amilase foi observada a 10 % após 24 horas de incubação, ou seja, 49,01 U/ml (Fig. 7), enquanto a atividade específica da amilase (U/mg) foi de 51,01 U/mg. A 5 % e 15 %, a atividade máxima da amilase foi de 48,16 U/ml e 44,40 U/ml e a atividade específica foi de 97,48 U/mg e 45,77 U/mg, respetivamente, no filtrado enzimático bruto. (Tabela A-13, A-14) Com 20% de inóculo, a atividade de amilase também foi observada, isto é, 39,68 U/ml após 48 horas de incubação.

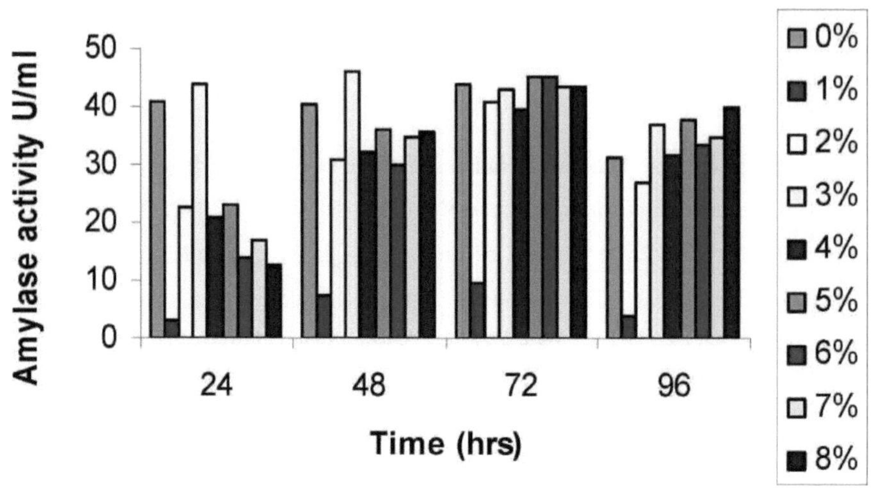

Fig 5: Atividade de amilase de *Bacillus circulans* HS-6 em diferentes concentrações

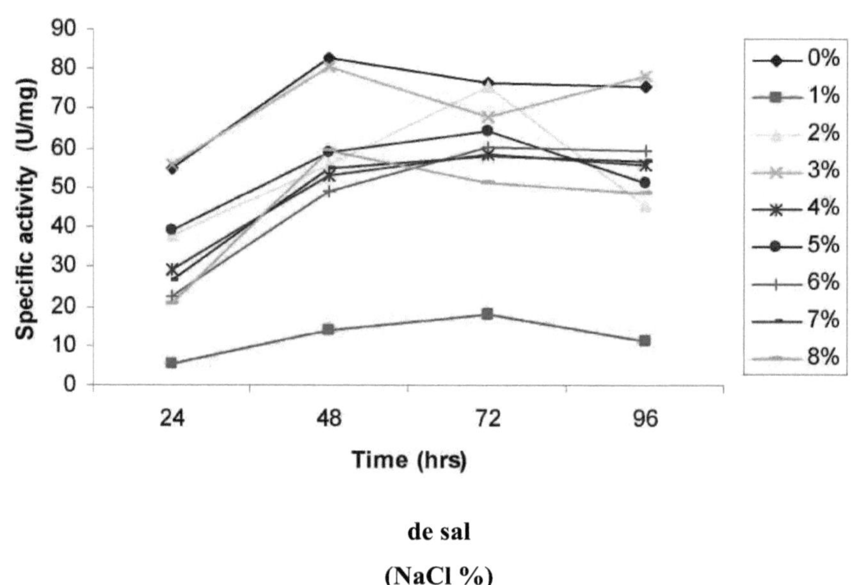

de sal

(NaCl %)

Fig 6: Atividade de amilase específica de *Bacillus circulans* HS-6 em diferentes concentrações de sal (NaCl %)

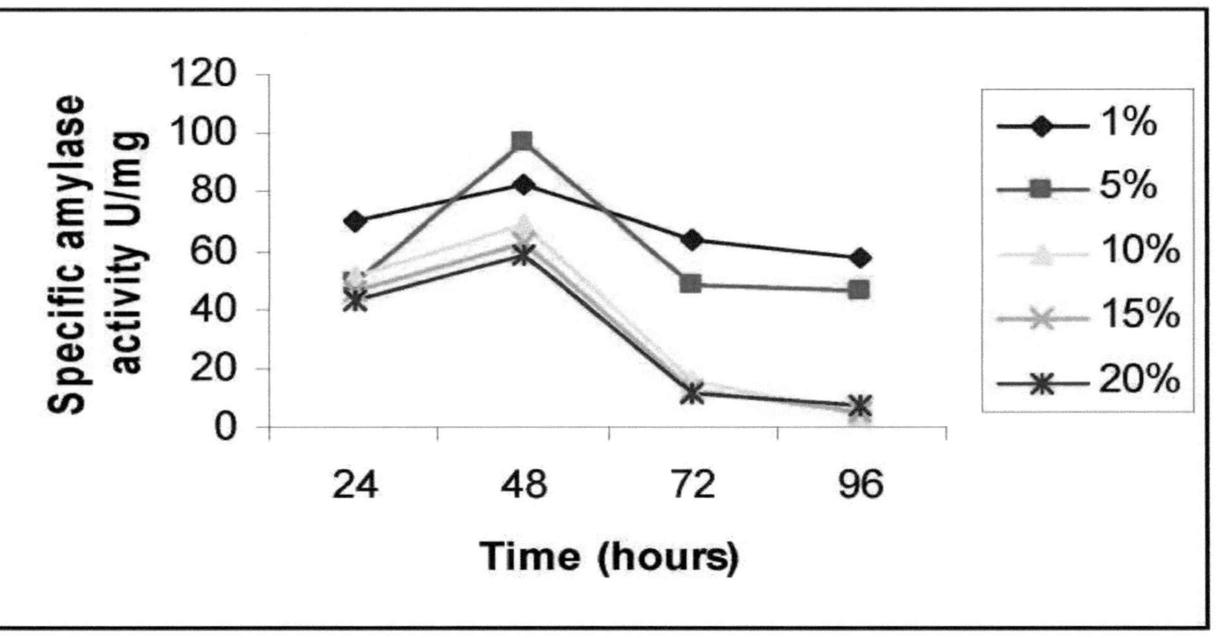

Fig. 7: Atividade da amilase com diferentes tamanhos de inóculo (%)

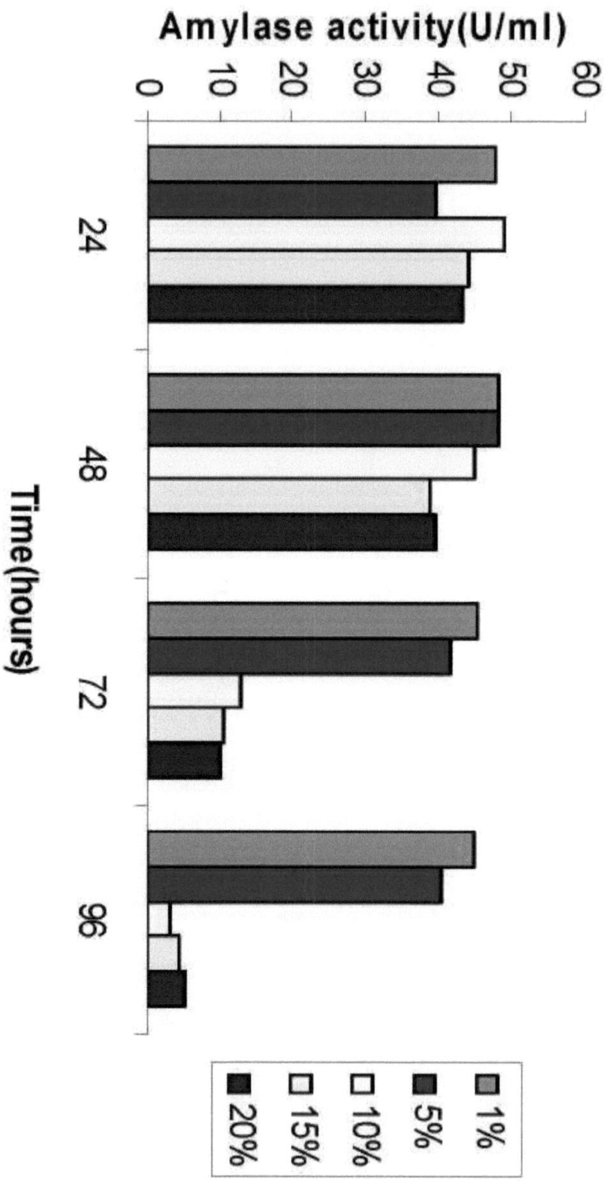

Fig 8: Atividade específica da amilase com diferentes tamanhos de inóculo (%)

Efeito da idade do inóculo na produção de amilase por *Bacillus* circulans HS-6:

A produção de enzimas foi verificada pelo isolado bacteriano HS-6 em três idades de inóculo diferentes, ou seja, 24 horas, 48 horas e 72 horas. É evidente a partir dos resultados (Fig. 9) obtidos que a atividade máxima da amilase foi observada no inóculo com 24 horas de idade, ou seja, 50,01 U/ml, e a atividade específica da amilase (U/mg) foi de 52,01 U/mg. O inóculo com 48 horas de idade e o inóculo com 72 horas de idade deram uma atividade máxima de amilase de 45,76U/ml e 35,21U/ml e a atividade específica foi de 66,31 U/mg e 62,8 U/mg, respetivamente, no filtrado enzimático bruto. (A atividade enzimática foi inversamente proporcional à idade do inóculo. Quanto mais jovem o inóculo, maior a atividade enzimática.

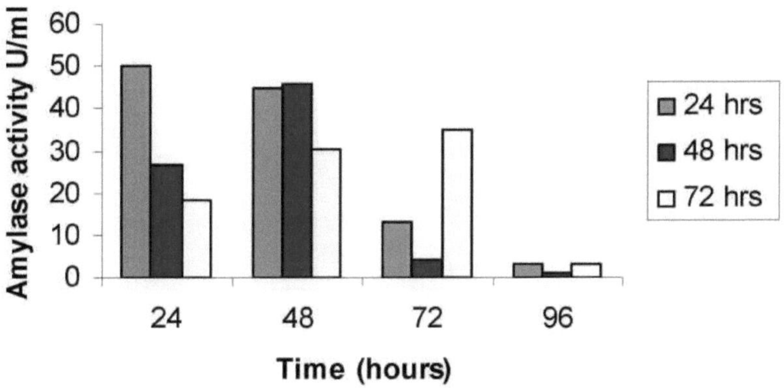

Fig 9: Atividade da amilase em diferentes idades do inóculo (horas)

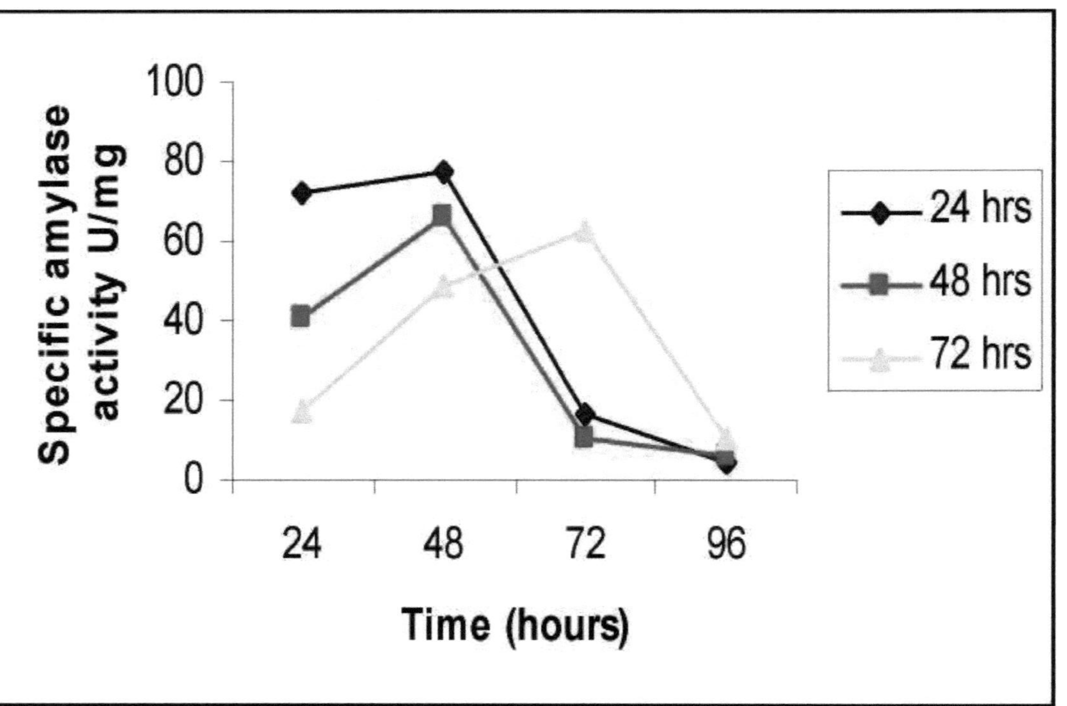

Fig 10: Atividade específica da amilase em diferentes idades do inóculo

7. DISCUSSÃO

Os halófilos incluem bactérias procarióticas e algas eucarióticas que se adaptaram a viver em ambientes com elevado teor de sal (ou seja, NaCl), superior ao da água do mar. Os microrganismos halófilos podem ser convenientemente agrupados de acordo com as necessidades de NaCl para o seu crescimento (Ventosa *et al.*, 1998).

Com base na fisiologia dos microrganismos halófilos, no nosso presente estudo foram isolados halófilos das amostras de solo recolhidas na mina de sal de Khewra (Paquistão), onde a concentração de sal é demasiado elevada. Foram isoladas nove estirpes (HS1 a HS9) a partir de amostras de solo e verificadas diferentes concentrações de NaCl para o seu crescimento (Quadro 1). Algumas estirpes são halófilas moderadas, ou seja, requerem uma menor concentração de NaCl (3-15%), como *Halomonas maura* isolada de uma salina em Marrocos, e *Marinococcus halophilus* isolada de areias marinhas (Ventosa *et al.*, 1998; Kushner, 1978), enquanto algumas estirpes são halófilas extremas, uma vez que requerem uma concentração elevada de sal, por exemplo (Kushner, 1978), como se mostra no quadro (2).

Por outro lado, os halófilos moderados têm a maioria dos representantes no domínio Bacteria (Oren. 2002; 1999), que utilizam preferencialmente solutos orgânicos compatíveis para proporcionar o equilíbrio osmótico (Oren.1999). Devido às suas caraterísticas especiais, sugeriu-se que os halófilos têm potencial para uma variedade de aplicações biotecnológicas, tais como a produção de enzimas, solutos compatíveis, polímeros, preparação de alimentos fermentados, degradação de compostos tóxicos, etc. (Ventosa *et al.*, 1998).

Os resultados mostraram que, das nove estirpes isoladas de amostras de solo num meio suplementado com diferentes concentrações de sal de NaCl, apenas a HS4 apresentou crescimento até 27% de NaCl, pelo que foi isolada como halófilo extremo. A HS6 registou um crescimento até 14 % de sal. Esta estirpe também foi capaz de crescer sem sal, pelo que é colocada no grupo das bactérias halotolerantes (Ventosa *et al.*, 1998). Para sobreviver a salinidades elevadas, os halófilos utilizam duas estratégias diferentes para evitar a dessecação através do movimento osmótico da água para fora do seu citoplasma. Ambas as estratégias funcionam através do aumento da osmolaridade interna da célula. Na primeira, compostos orgânicos específicos de baixo peso molecular são acumulados no citoplasma. Estes são conhecidos como solutos compatíveis. Estes podem ser sintetizados novamente ou acumulados a partir do ambiente. A segunda adaptação, mais radical, envolve o influxo seletivo de iões K+ para o citoplasma. A principal razão para isto é que toda a maquinaria intracelular (enzimas, proteínas estruturais, etc.) tem de ser adaptada a níveis elevados de sal, ao passo que na adaptação com solutos compatíveis é necessário pouco ou nenhum ajustamento das macromoléculas intracelulares. De facto, os solutos compatíveis actuam frequentemente como protectores de stress mais gerais, para além de serem apenas osmoprotectores (Santos e daCosta 2002).

Das nove estirpes isoladas, uma era Gram negativa, enquanto as outras eram todas bactérias Gram positivas. Todos os coccobacilos eram bactérias Gram positivas. Shiba *et al.*, 1989, também isolaram halófilos Gram negativos e Gram positivos em Big Soda Lake, Nevada.

No nosso estudo, o isolado bacteriano que foi isolado durante o rastreio de nove estirpes através do aumento gradual da concentração de sal no meio sugeriu que esta estirpe é halófila moderada porque apresentou crescimento até 14 % de NaCl e também na ausência de sal (Quadro 2). Este isolado bacteriano (HS4) foi caracterizado morfológica e bioquimicamente para o identificar. Esta estirpe bacteriana é positiva no que respeita à catalase, à gelatinase e ao amido e negativa no que respeita ao hidrolisado de caseína, ao teste da redutase do nitrato e negativa no teste MRVP. Esta estirpe bacteriana foi identificada como *Bacillus circulans*.

De acordo com os estudos de Oren (2002) sobre os microrganismos halófilos, sabemos que as bactérias halófilas não se limitam à classe *Bacilli (Bacillus sensu lato)*, mas distribuem-se pelas classes Cyanobacteria, *a-, p-, y-,* e *^-proteobacteria, Clostridia, Actinobacteria, Flavobacteria,* etc. Embora Oren tenha definido o termo "halofílico" como tolerância a 10% (100 g/L) de NaCl, alguns dos microrganismos halofílicos são capazes de crescer na presença de 20% de NaCl. Todos os microrganismos que foram intencionalmente isolados como halófilos no nosso estudo eram habitantes de ambientes salinos. Por outro lado, algumas bactérias isoladas do solo foram capazes de tolerar concentrações elevadas de NaCl. Por exemplo, *Bacillus clarkii, B. agaradhaerens* e *B.*

pseudofirmus foram tolerantes até 16% ou 17% de NaCl (Nielson *et al.*, 1995). Não foram publicados quaisquer relatórios sobre o isolamento de microrganismos capazes de crescer a concentrações de NaCl de 20% ou superiores a partir de amostras de solo não salino comuns. Acredita-se tacitamente que os habitats de halófilos capazes de crescer em meios contendo mais de 20% estão restritos a ambientes salinos (Onishi *et al.*, 1980; Saiz-Jimenez e Laiz, 2000).

Os microrganismos halófilos não dependem inteiramente da síntese de novo de solutos. São capazes de absorver solutos ou precursores do ambiente circundante, se disponíveis (Regev *et al.*, 1990; Canvas *et al.*, 1996). Para permitir esta absorção, estes microrganismos estão equipados com um sal de diferentes transportadores, que são osmoticamente regulados ao nível da expressão e da atividade de transporte. Os transportadores de soluto compatíveis com osmorregulação foram estudados principalmente em *E.coli, Corynebacterium glutamicum, Bacillus subtillis* e alguns microrganismos halotolerantes (Kempf e Bremer, 1998).

Bacillus circulans, que foi identificado no nosso estudo atual, foi testado para a amilase Esta estirpe provou ser positiva para a amilase. Na primeira fase, a produção de amilase foi verificada através do teste qualitativo efectuado em meio de amido sólido. Na segunda etapa, a atividade da amilase do isolado bacteriano HS6 foi estudada em meio líquido.

Assim, demonstrou que é capaz de produzir amilase tanto em meio sólido como líquido (Priest, 1992).

O meio de produção utilizado foi um meio complexo. O meio complexo foi utilizado porque produz um bom rendimento de amilase. O crescimento em extrato de levedura foi comparável ao crescimento em extrato de carne ou extrato de carne de vaca. 0,2% de extrato de levedura também foi adicionado ao meio de produção de amilase. 0,4% de cada um foi considerado ótimo para a produção de amilase, mas na ausência de amido foi produzida muito pouca amilase (Srivastava e Baruah, 1986). A adição de extrato de levedura (0,5 %) encurtou o período de atraso e aumentou a síntese da enzima (Teodoro e Martins, 2000).

O $MgSO_4.7H_2O$ foi adicionado ao meio de produção em concentração muito baixa. 0,05% de $MgSO_4 .7H_2 O$ foi adicionado ao meio de produção. Kokab *et al.*, utilizaram 0,02% de

MgSO4.7H2O no meio de produção de amilase. Bajpai *et al.* relataram que 0,1% de $MgSO_4$.$7H_2$O proporcionou uma produção máxima de amilase a partir de *B.subtilis.*

Foi utilizado 0,1% de K2HPO4 no meio de produção de amilase. Aumenta a produção de amilase. Até 0,1% de adição de K HPO_{24}, a produção de amilase foi aumentada; depois disso, a produção de amilase diminuiu. Os resultados estão de acordo com os de Xiangi (1984) e Bajpai (1992).

Também estudámos os efeitos do pH, da temperatura, da concentração de sal, do tamanho do inóculo e da idade do inóculo na atividade da amilase. Todos estes parâmetros pareceram ser os factores mais críticos na produção de amilase.

Nos presentes estudos, foram verificados vários pH, do lado ácido ao lado básico, ou seja, 5, 6, 7, 8, 9, 10 e 11, relativamente à produção de amilase. A amilase apresentou uma maior atividade em valores de pH mais elevados, com uma atividade máxima a pH 8. Verificou-se uma estimulação da enzima 78

A síntese de amilase de Micrococcus sp. *4 foi registada* como máxima a pH 7,5, enquanto que a pH 9 a atividade de amilase foi reduzida em mais de 50% (Khire, *1994*). A atividade da amilase de *Micrococcus* sp. 4 foi registada como máxima a pH 7,5, enquanto a pH 9, a atividade da amilase foi reduzida em mais de 50% (Khire, 1994). Amoozegar *et al.,* 2003 observaram uma atividade máxima de amilase a pH 7,7- 8,5, o que está de acordo com os nossos resultados. Entre os parâmetros físicos, o pH do crescimento desempenha um papel importante ao induzir alterações morfológicas no organismo e na secreção de enzimas. A maioria das estirpes *de Bacillus* utilizadas comercialmente para a produção de amilases tem um pH ótimo entre 6,0 e 9,0 para o crescimento e a produção de enzimas (Burhan *et al.,* 2003, Castro *et al.,* 1992 e Jin *et al.,* 1999). Diferentes organismos têm diferentes pH óptimos e a diminuição ou aumento do pH em ambos os lados do valor ótimo resulta num crescimento microbiano deficiente (Lehninger, 1982). As amilases de microrganismos não halofílicos apresentam um pH ótimo dentro da gama ácida (5-7) (Vihinen, 1989).

No presente estudo, foram estudadas várias temperaturas, isto é, 30°C, 37°C e 50°C, mas verificou-se que a temperatura óptima para a atividade enzimática era aproximadamente a 30°C (Figura 3). A síntese enzimática ocorreu a temperaturas de 30°C e 37°C, mas foi observada uma redução acentuada da atividade enzimática a 50°C. Este resultado não é consistente com qualquer outro relatório. Isto pode dever-se ao facto de a nossa estirpe ter sido isolada das minas de Khewra, que têm temperaturas muito baixas, ou seja, 25°C - 30°C e, como a amilase é uma enzima termoestável, a sua atividade enzimática ocorre sobretudo a temperaturas mais elevadas. A temperatura óptima observada para a produção de 'a- amilase utilizando *B. subtilis* foi de 35°C (Kokab *et al.*, 2003). A amilase de *H. meridiana apresentou* uma atividade óptima a 37°C, com uma perda de atividade a 65°C (Coronado *et al.*, 2000). Esta propriedade de dar uma atividade óptima a baixa temperatura pode limitar a sua utilização em usos industriais que requerem temperaturas elevadas, mas favorece a sua aplicação em processos que requerem a inativação completa da enzima com o aumento da temperatura no processo, ou seja, na indústria de panificação (Coronado *et al.*, 2000). A influência da temperatura na produção de amilase é de 79

relacionados com o crescimento do organismo. Muito recentemente, <u>Konsula e Liakopoulou-Kyriakides (2004) </u>referiram que uma estirpe termofílica *de B. subtilis*, isolada de leite de ovelha fresco, produziu o máximo de a-amilase extracelular termoestável a 40 °C num meio com baixa concentração de amido. Foi comunicada uma vasta gama de temperaturas (35-80 °C) para o crescimento ótimo e a produção de amilase em bactérias <u>(Bajpai e Bajpai, 1989, Burhan et al., 2003, Castro et al., 1992 e Lin et al., 1998)</u>.

A salinidade do meio de produção influenciou fortemente a atividade da amilase. O nosso presente estudo mostrou que a atividade óptima da amilase se situava a 3% de NaCl (Figura 5 e 6). A atividade da amilase foi também muito elevada quando se utilizou um meio de produção sem NaCl. Isto está de acordo com as actividades exibidas pelas amilases de halófilos moderados, como *Acinobacter* sp. ou *N. halobia,* que necessitavam de pelo menos 3% de NaCl para mostrar actividades mais elevadas (Onishi e Sonodo, 1979: Kamekura, 1986). É de notar que estes resultados não puderam ser comparados com amilases de microrganismos não halófilos, uma vez que o seu comportamento a diferentes salinidades não é um parâmetro de rotina em estudos de caraterização bioquímica. As enzimas das arqueobactérias halofílicas que foram descritas até à data têm necessidades de sal superiores às das enzimas correspondentes de bactérias não halofílicas ou de halófilos aeróbios eubacterianos (Holes e Halvorson, 1965; Larsen, 1962; 1967). De um modo geral, as enzimas das arqueobactérias halofílicas mantêm a sua atividade a altas concentrações de sal ou são mais activas na sua concentração normal de sal intracelular (Baykey e Morton, 1978). No entanto, existem relatos de enzimas de arqueobactérias halofílicas que são inactivadas pelo sal (Pugh *et al.*, 1971). O K+ é pelo menos tão eficaz como o Na+ na estimulação da atividade enzimática das arqueobactérias halófilas e, juntamente com o Cl⁻ , estes constituintes intracelulares desempenham um papel importante na célula, mantendo as enzimas num estado ativo (Larsen, 1967).

Baxter e Gibbons (1956) investigaram os efeitos do sal numa série de enzimas de *Halobacterium salinaria (Pseudomonas salinarium)*. Foi efectuada uma comparação adicional do efeito do sal sobre as enzimas de halófilos extremos e moderados (Larsen, 1967). Estudos sobre o efeito do sal nas enzimas de eubactérias haloaeróbias mostraram que a maioria das enzimas estava ativa a concentrações de sal inferiores às encontradas no interior da célula. Por exemplo, as actividades da succinato desidrigenase e da malato desidrogenase de *Micrococcus halodentrificans* foram inibidas pela presença de sal (Baxter e Gibbons, 1954; 1956).

Uma vez que as enzimas arqueanas estão adaptadas a ambientes extremos, são invulgarmente estáveis. São, por isso, candidatas adequadas para aplicações em processos industriais que se realizam em condições difíceis, como temperaturas elevadas, ou na presença de solventes orgânicos ou de elevada força iónica. Pelas mesmas razões, são também moléculas-modelo ideais para investigações destinadas a elucidar os mecanismos de estabilidade físico-química das proteínas. Os biólogos já utilizam a enzima extremófila Taq polimerase de *Thermos aquaticus*. Os genes que codificam várias enzimas de extremófilos foram clonados em hospedeiros mesófilos, com o objetivo de sobreproduzir a enzima e alterar as suas propriedades para se adequarem a aplicações comerciais (Ciaramella *et al.*, 1995).

O efeito do tamanho do inóculo na produção de amilase também foi estudado com diferentes tamanhos de inóculo, ou seja, 1%, 5%, 10%, 15% e 20%. A 10 % do tamanho do inóculo, observou-se uma atividade máxima de amilase. Isto estava de acordo com os estudos de Anto *et.al.*, 2006, sobre a produção de amilase, que indicavam que 10% do inóculo era ótimo para a produção da enzima.

O efeito da idade do inóculo na atividade da amilase também foi estudado. O inóculo foi utilizado para estudar este parâmetro com 24 horas, 48 horas e 72 horas de idade. Os rendimentos enzimáticos, no entanto, variaram muito mais com a idade do inóculo. O inóculo com 24 horas de idade deu a atividade máxima de amilase. Os rendimentos enzimáticos, no entanto, variaram muito mais com a idade do inóculo. *O Bacillus amyloliquefaciens* apresenta uma atividade máxima de amilase com uma idade de inóculo de 16 horas. Este facto está de acordo com a idade mais jovem utilizada por trabalhadores anteriores (Yoon *et al.,* 1989). Isto sugere que os resultados publicados obtidos utilizando inóculos muito mais velhos podem não ser representativos dos melhores rendimentos atingíveis (Kassim, 1989).

8. CONCLUSÕES

- Nove estirpes (HS1-HS9) foram isoladas a partir de amostras colhidas na região salina de Khewra (Paquistão),

- Apenas um isolado bacteriano, ou seja, HS4, mostrou uma elevada resistência à concentração de sal (até 27% de NaCl).

- Estas estirpes foram então analisadas para a deteção de amilase

- Das 9 estirpes HS-3, HS-4 e HS-6 produziram amilase

- O HS-6 foi o melhor produtor de amilase e foi selecionado para um estudo mais aprofundado.

- A caraterização bioquímica e morfológica desta estirpe bacteriana através do Manual de Bacteriologia Determinativa de Burgey revelou que esta estirpe era *Bacillus circulans*.

- Parâmetros como pH, temperatura, concentração de sal, tamanho do inóculo e idade do inóculo foram optimizados para a produção máxima de amilase por HS-6.

- A partir dos resultados obtidos, concluímos que o pH e a temperatura óptimos para a atividade máxima de amilase desta estirpe bacteriana são 8 e 30°C, respetivamente.

- Da mesma forma, a concentração óptima de sal (NaCl), o tamanho do inóculo e a idade do inóculo para a atividade máxima de amilase foi de 3%, 10% e 24 horas, respetivamente.

- A atividade máxima de amilase deste isolado bacteriano foi de 50,01 U/ml em condições optimizadas

- Além disso, concluímos a partir deste estudo coletivo que este isolado bacteriano HS-6 alberga uma amilase típica que é responsável pela hidrólise do amido (açúcar redutor).

9. PERSPECTIVAS FUTURAS

- Espera-se que as enzimas dos halófilos apresentem actividades óptimas em condições extremas; assim, a possibilidade de dispor de uma grande variedade de halófilos moderados que produzam extremozimas será uma ajuda inestimável para as aplicações biotecnológicas.

- A descoberta de enzimas de degradação de biopolímeros oferece uma nova solução para o tratamento da salinidade que se encontra tipicamente, ao mesmo tempo que fornece informações valiosas sobre os processos heterotróficos em ambientes hipersalinos.

- A informação sobre os requisitos nutricionais das bactérias halófilas pode ser utilizada para orientar estratégias de bioremediação de cortes de perfuração contaminados com óleo e sal.

- O efeito de outros indutores externos pode ser utilizado para verificar a estabilidade e a variação da atividade da catalase.

- A enzima amilase produzida a partir da estirpe HS4 pode ainda ser purificada e caracterizada através de precipitação salina, diálise, filtração em gel através de Sephadex-G-75-120, cromatografia de permuta iónica e eletroforese.

- Para um estudo mais aprofundado, o isolamento do plasmídeo da estirpe halófila extrema HS-6 poderia ser utilizado para verificar o seu gene de resistência ao sal.

- Os halófilos sintetizam solutos compatíveis que mantêm um balanço hídrico positivo na célula e são compatíveis com o metabolismo celular, pelo que poderão ser efectuados mais estudos para verificar as suas aplicações comerciais, embora a aplicação mais promissora possa ser como estabilizadores na reação em cadeia da polimerase (Sauer e Glinski, 1998).

- Os genes que codificam várias enzimas de halófilos extremos poderiam ser clonados em hospedeiros mesófilos, com o objetivo de produzir em excesso as enzimas e alterar as suas propriedades para se adequarem a aplicações comerciais

REFRÊNCIAS

- Abram, D. e N. E. Gibbons. 1961. O efeito de cloretos de catiões monovalentes, ureia, detergentes e calor na morfologia e na turvação de suspensões de bactérias halofílicas vermelhas. *Ca. J. Microbiol.* 7: 741-750.

- Adams, M. W. W. e R. M. Kelly. 1995. Enzimas de microorganismos em ambientes extremos. *Chem. Eng. News.* 73: 32-42.

- Aebi, H. E. 1983. Methods of enzymatic Analysis, H. U. Bermeyer (Ed.), Verlag Chemie, Weinheim.3: 273.

- Amoozegar, M. A., F. Malekzadeh e K. A. Malik. 2003: *J. Microbiol. Methods.* 2003. 52(3):353-9

- Amoozegar, M. A., F. Malekzadeh, K. A. Malik, P. Schumann e C. Sproer. 2003. *Halobacillus karajensis* sp. nov., um novo halófilo moderado. *Halobacillus karajensis* sp. nov., um novo halófilo moderado. *Int. J. Sys. Evol. Microbiol.* 53: 1059-1063.

- Anderson, A. J. e E. A. Dawes. 1990. Ocorrência, metabolismo, papel metabólico e utilizações industriais de polihidroxialcanoatos bacterianos. *Microbiol. Rev.* 54:450-72.

- Anto, H., U. Trivedi e K. Patel. 2006. Produção de a-Amilase por *B. cereus. Food. Technol. Biotechnol.* 44 (2): 241-245.

- Anton, J., R. R. Mora, F.R Valera e R. Amann. 2000. Bactérias extremamente halofílicas em lagos de cristalização de salinas solares. *Appl. Enviro. Microbiol.* 66(7): 3052-3057.

- Antti. 2000. A vida dos halófilos. *Sci.*8: 23

- Arahal, D. R., M. C. Marquez, B. E. Volcani, K. H. Schleifer e A. Ventosa. 1999. Bacillus marismortui sp. nov., uma nova espécie moderadamente halofílica do Mar Morto. *Int. J. of Syst. Bacteriol.* 49: 521-530

- Asgher, M., M. J. Asad, S. U. Rahman e R. L. Legge. 2005. Uma a-amilase termoestável de uma estirpe *de Bacillus Subtilis* moderadamente termofílica para transformação de amido. *J. Bacteriol.3(1):* 221-227

• Bajpai, P., P. K. Gera e P. K. Bajpai. 1992. Estudos de otimização para a produção de alfa-amilase utilizando meio de soro de queijo. *Enzy. Microbial. Technol.* 14: 679-83.

• Banat, I. M., R. S. Makkar, e S. S. Cameottra. 2000. Potenciais aplicações comerciais de surfactantes microbianos. *Appl. Microbiol. Biotechnol.* 53: 495-508.

• Barbara, J. 1984. Potencial de crescimento de bactérias halofílicas isoladas de ambientes de sal solar, fontes de carbono e requisitos de sal. *Appl. Environ. Microbiol.* 352360.

• Barbara, J., C. Reuadt e W. Stoeckenius. 1982. Bactérias halófilas em forma de caixa. J. Bacteriol. 151(3): 1532-1542.

• Baxter, R. M., e N. E. Gibbons. 1954. The glycerol dehydrogenases of *Pseudomonas salinaria, Vibrio costicolus,* and *Escherichia coli* in relation to bacterial halophilism. *Can. J. Biochem. Physiol.* 32:206-217.

• Baxter, R. M., e N. E. Gibbons.1956. Efeitos do cloreto de sódio e potássio em certas enzimas de Micrococcus halodenitrificans e *Pseudomonas salinaria. Can. J. Microbiol.* 2:599-606.

• Bayley, S. T., e R. A. Morton. 1978. Recent developments in the molecular biology of extremely halophilic bacteria. *Crit. Rev. Microbiol.* 6:151-205.

• Bernfeld, P., 1955. Amilases: a e â; Meth. Enzymol. 1: 149.

• Bertoldo, G., Antranikian e A. Ventosa. 2003. Triagem e caraterização da protease CP1 produzida pela bactéria moderadamente halofílica *Pseudoalteromonas* sp. estirpe CP76. *Extremophiles.* 7: 221-228.

• Bhella, R. S. e I. Altosaar. 1987. Controlo translacional da expressão do gene da a-amilase em *Aspergillus awamori. Biotechnol. Appl. Biochem.* 9: 287-293.

• Bibo, F. J., R. Songen e R. E. Fresenius. 1983. Kali u. Steinsalz. 8:36.

• Bien, E., W. Schwartz e Z. Allg. 1965. *Mikrobiol.* 5:185.

• Bonnete, F., D Madern e G. Zaccai. 1994. *J. Mol. Biol.* 244: 436-447.

• Burhan, A., U. Nisa, C. Gokhan, C. Omer, A. Ashabil e G. Osman. 2003. Propriedades enzimáticas de uma nova amilase termofílica, alcalina e resistente a quelantes de um *Bacillus* sp. alcalófilo isolado ANT-6. *Proc. Biochem.* 38: 1397-1403.

- Ca'novas, D., C. Vargas, L. N. Csonka, A. Ventosa, e J. J. Nieto. 1996.Osmoprotectores em *Halomonas elongata:* sistema de transporte de betaína de alta afinidade e via colina-betaína. *J. Bacteriol.* 178:7221-7226

- Castro, P. M. L., P.M. Hayter, A.P. Ison e AT. Bull. 1989. Aplicação do desenho estatístico à otimização do meio de cultura para a produção de interferongamma recombinante por células de ovário de hamster chinês. *Appl. Microbiol. Biotechnol.* 38: 84-90.

- Caumette, P., J. F. Imhoff, J. Süling e R. Matheron. 1997. Chromatium glycolicum sp. nov., uma bactéria de enxofre púrpura moderadamente halofílica que utiliza glicolato como substrato. *Arch. Microbiol.* 167:1

- Chiara, S., M. Giuliano e M. D. Rosa. 2002. Perspectivas sobre aplicações biotecnológicas de archaea. *Archaea.* 1: 75-86.

- Christian, J. H. B., e J. A. Waltho.1962. Concentrações de soluto nas células de bactérias halofílicas e não halofílicas. *Biochem. Biophys. Ata.* 65:506-508.

- Ciaramella, M., R. Cannio, M. Moracci, F. M. Pisani e M. Rossi. 1995. Molecular biology of extremophiles. *Worl. J. Microbiol. Biotechnol.* 11: 71-84

- Coronado, M., C. Vargas, J. Hofemeister, A. Ventosa e J. J. Nieto. 2000. Produção e caraterização bioquímica de uma a-amilase do halófilo moderado *Halomonas meridiana.* FEMS *Microbiol. Lett.* 183: 67-71.

- DasSarma, S. e P. Arora. 2001. "Halophiles" Encyclopedia of life, Nature Publishing Group.

- Demirjian, D., M. Varas e C. Cassray. 2001. Enzimas de extremófilos. *Curr. Opin. Chem. Biol.* 5: 144-151

- Denner, E. B. M., T. J. McGenity, H. J. Busse, W. D. Grant, G. Wanner e H. Stan-Lotter. 1994. *Int. J. Syst. Bacteriol.* 44:774.

- Dharani, A. P. V. 2004. Efeito do rácio C:N na produção de alfa amilase por *Bacillus licheniformis* SPT 27. *Afri. J. Biotechnol.* 3 (10): 519-522

- Dombrowski, H. J. e N. Y. Ann. 1963.Acad. *Sci.* 108:453.

- Dombrowski, H. J., e ZBL.1961.Abt, I Originale. *Bakteriol.173.*

- Domingues, C. M. e R.M. Peralta. .1993. Produção de amilase por fungos do solo e caraterização bioquímica parcial da amilase de uma estirpe selecionada *(Aspergillus fumigatus* fresenius*). Can. J. Microbiol.* 39: 681-685.

- Dutch, C. E. 2002. Caracterização de uma a-amilase extracelular tolerante ao sal de *Bacillus dipsosauri. Lett. Appl. Microbiol.* 35 (1): 78-84.

- Dyall-Smith, M. e M. Danson. 2001. A vida da salmoura:halófilos em 2001.*Genome biology.* 2:4033.1-4033.3.

- Dym, O., M. Mevarech e J. L. Sussman. 1995. Caraterísticas estruturais que estabilizam a malato desidrogenase halofílica de uma archaebacterium. *Sci.* 267: 1344-1346.

- Echigo... www.salinesystems.org/content/1/1/8

- Eduardo, C. e Martins, M. L. L. 2000. Condições de cultivo para a produção de amilase termoestável por bacillus sp. *Braz. J. Microbio.* 31 (4): 298-302.

- Ely, N., e M. M. Waldemarin. 2006. Controlo da produção de amilase e caraterísticas de crescimento de Aspergillus ochraceus, *Revista Latinoamericana de Microbiologia.* 44(1): 5-11.

- Fogarty, W. M. e C. T. Kelly. 1979. Desenvolvimentos em enzimas extracelulares microbianas. *Enz. Ferment. Biotechnol.* 3: 45-108.

- Fogarty, W. M. e M. F. Upton. 1977. Produção e purificação de amilase termoestável e protease de thermomonospora vridis. *Appl. Environ. Microbiol.* 33: 5964.

- Franzmann, P. D. e F. Rodriguez (Ed.). 1991. General and applied aspects of halophilic microorganisms (Aspectos gerais e aplicados dos microrganismos halofílicos). *Plenum Press, Nova Iorque, 9.*

- Galinski, E. A. 1995. Osmoadaptação em bactérias. *Adv. Microbiol. Physiol.* 37:

272328.

- Gavish. E. 1980. Sabkhas recentes marginais às costas meridionais do Sinai, Mar Vermelho. *Dev. Sedimentol.* 28:233-251.

- Ghozlan, H., H. Deif, R.A. Kandil e S. Sabry. 2006. Biodiversidade de bactérias moderadamente halofílicas em habitats hipersalinos no Egito. *J. Gen. Appl. Microbiol.* 52(2): 63-72.

- Gimenez, M. I., C. A. Studdert, J. J. Sanchez e R. E. De Castro. 2000. Protease extracelular de *Natrialla magadii*. Purificação e caraterização bioquímica. *Extremophiles.* 4: 181-188.

- Ginzburg, M., L. Sachs e B Z. Ginzburg, 1970. *J. Gen. Physiol.* 55: 187-207

- Gomes. J. e W. Steiner. 2004. Extremófilos e Extremozimas, *Food Technol. Biotechnol. 42(4):* 223-235

- Good, W. A. e Paul A. Hartman.1970. Propriedades da amilase de *Halobacterium halobium J Bacteriol.* 104(1): 601-60.

- Gupta, R., P. Gigras, H. Mohapatra, V. K. Goswami e B. Chauhan 2003. A-amilases microbianas: uma perspetiva biotecnológica. *Proc. Biochem.* 38: 15991616.

- Haki, G. D. e S. K. Rakshit. 2003. Developments in industrially important thermostable enzymes. *Bioresour. Technol.* 89: 17-34.

- Hanes, B. e S. Stedt. 1988. *Millin. Bakin. Technol* .1: 415-70.

- Hartley, F. A., Ryan, Michael D., e Hoeksema, Walter D. (1995) *Fundamental Microbiology for the Health Care Sciences:* Terceira edição. Kendall/Hunt Publishing Company. Dubuque.

- Henrissat, B. 1991. A classification of glycosyl hydrolases based on amino acid sequence similarities. *J. Biochem.* 280: 309-316.

- Holmes, P. K. e H. O. Halvorson. 1965. Propriedades de uma desidrogenase málica halofílica purificada. *J. Bacteriol.* 90:316-326.

- Hough, D. W. e M. J. Danson. 1999. Extremozimas. *Curr. Opin. Chem.* Biol. 3:39-46.

* Ichise, N., N. Morita, T. Hoshino, K. Kawasaki, I. Yumoto e H. Okuyama.1999. Um mecanismo de resistência ao peróxido de hidrogénio em *Vibrio rumoiensis* S-1. *Appl. Environ. Microbiol.* 65:73-79.

* Jessie, L. R., B. Pyzyna, R. G. Atrasz, C. A. Henderson, K. L. Morril, A. M. Burd, E. Desoucy, R. E. Fogleman III, J. B. Naylor, S. M. Steele, D. R. Elliott, K. J. Leyva e R. F. Shand. 2005. Cinética de crescimento de Archaea extremamente halofílica (Família *Halobacteriaceae)* como revelada por parcelas de Arrhenius. *J. Bacteriol.* 187 (3):923-929.

* Jin, B., J.H. Van-Leeuwen e B. Patel. 1999. Morfologia micelial e produção de proteínas fúngicas a partir de águas residuais do processamento de amido em culturas submersas de *Aspergillus oryzae. Proc. Biochem.* 34: 335-340

* Kamekura, M. 1998. Diversidade de bactérias extremamente halofílicas. *Extremophiles.* 2:289-295.

* Kamekura, M. e Y. Seno. 1990. Uma protease extracelular halofílica de uma *archaebacterium halofílica* 172 P1. *Biochem. Cel. Biol.* 68: 352-359.

* Kamekura, M., Y. Seno, M. L. Holmes, M. L. Dyall-Smith. 1992. Clonagem molecular e sequenciação do gene de uma serina protease alcalina halofílica (halolisina) de uma estirpe de arqueia halofílica não identificada (172P1) e expressão do gene em *Haloferax volcanii. J. Bacteriol.* 174: 736-742.

* Kassim, E. A. 1983. Indução de alfa amilase bacteriana de *Bacillus subfilis* como influenciada por certas fontes de carbono. *Egyp. J. Microbiol.* 18: 141-149

* Kaye, J. Z. e J. A. Baross. 2004. Synchronous Effects of Temperature, Hydrostatic Pressure, and Salinity on Growth, Phospholipid Profiles, and Protein Patterns of Four *Halomonas* Species Isolated from Deep-Sea Hydrothermal- Vent and Sea Surface Environments. *Appl. Environ. Microbiol.* 70(10): 6220-6229.

* Kelly, R. M. e J. W. Deming. 1988. Arqueobactérias extremamente termofílicas: considerações biológicas e de engenharia. *Biotechnol. Prog.* 4: 47-61.

* Kempf, B., e E. Bremer.1998. *Arch. Microbiol.* 170:319.

- Khire, J. M. 1994. Produção de uma amilase moderadamente halofílica por um *micrococcus* sp. 4 recentemente isolado de uma salina. *Lett. Appl. Microbiol.* 19: 210-212

- Kim, H. P., J. S. Lee, Y. C. Hah, J. H. Roe. 1992. Kor. *J. Microbiol.* 30:291.

- Kobayashi, T., H. Kanai, T. Hayashi, T. Akiba, R. Akaboshi e K. Horikoshi. 1992. Amilase alcalina formadora de maltotriose haloalcalifílica da archeaebacterium *Natronococcus sp* estirpe A-36. *J. Bacteriol.* 174(11): 3439-3444

- Kobayashi, T., M. Kamekura, W. Kanlayakrit e H. Onishi. 1986. Produção, purificação e caraterização de uma amilase do halófilo moderado, Micrococcus varians subespécie halophilus. *Microbios.* 46: 165-177.

- Kokab, S., M. Asghar, K. Rehman, M.J. Asad e O. Adedyo. 2003. Bioprocessamento da casca de banana para a produção de a-amilase por *Bacillus subtilis. Int. J. Agri. Biol.* 5(1): 36-39

- Konsula, Z. e M. Liakopoulou-Kyriakides. 2004. Hidrólise de amidos pela ação de uma a-amilase de *Bacillus subtilis. Proc. Biochem.* 39: 1745-1749.

- Krebs, M. P. e H. G. Khorana .1993. Mecanismo de translocação de protões dependente da luz pela bacteriorhodopsina. *J. Bacteriol.* 175: 1555-1560.

- Kuriki, T., Imanaka T., 1999. O conceito da família das a-amilases: semelhança estrutural e mecanismo catalítico comum. *J. Biosci. Bioeng.* 87: 557-565.

- Kushner, D. J. 1978. Life in high salt concentrations: halophilic bacteria. in:Kushner, D.J., editor. Microbial life in extreme environments. Academic Press: Londres, 31858.

- Lanyi, J. K. 1974. Propriedades dependentes do sal de proteínas de bactérias extremamente halofílicas. *Bacterial. Rev.* 38:272-290

- Lanyi, J. K. e M. P. Silverman. 1972. O estado de ligação do K+ intracelular em *Halabacterium cutirubrum. Can. J. Microbial.* 18:993-995.

- Larsen, H. 1962. Halofilismo. In. I. C. Gunsalus e R.Y. Stainer (ed.). The bacteria: a treatise on structure and function. Imprensa académica. 4: 297-342.

- Larsen, H. 1976. Aspectos bioquímicos do halofilismo extremo. *Adv. Microbial.*

Physiol. 1: 97-132.

* Lauro, M., A. Lappalainen, T. Suortti, K. Autio e K. Poutanen 1993. Modificação do amido de cevada por a-amilase e pululanase. *Carbahyd. Palym.* 21: 151-152.

* Lee, S. Y. 1996. Polihidroxialcanoatos bacterianos. *Biatechnal. Biaeng.* 49:1-14.

* Lehninger, A.L., 1982. *Biachemistry.* Worth Pub. Inc. EUA

* Lin, L. L., C. C. Chyau e W. H. Hsu. 1998. Produção e propriedades de uma amilase degradadora de amido cru de *Bacillus* sp. termófilo e alcalifílico TS-23 *Biatechnal. Appl. Biachem.* 28: 61-68.

* Lowery, O. H., N. J. Rosebrough, A. L. Farr e R. J. Randall. 1951. Medição de proteínas com reagente de folina. *J. Bial. Chem.* 193: 265-275

* MacElroy, M. D. 1974. Alguns comentários sobre a evolução dos extremófilos, *Biasys.* 6: 74-75

* Madern, D., C. Ebel e G. Zaccai. 2000. Halophilic Adaptation of Enzymes *Extremaphiles.* 4: 91-98

* Madigan, M. T. e B. L. Marrs. 1997. Extremófilos. *Sci.* 276:82-87

* Mancinelli, R. L. 2003. Evolution of halophiles: a terrestrial Analog for life in brines on mars. *Geaphys. Res. Abst.* 5: 04360.

* Margesin, R. e F. Schinner. 2001. Potential of halotolerant and halophilic microorganisms for biotechnology. *Extremophiles.* 5:73-83.

* Maria-José Coronado, C. Vargas, J. Hofemeister, A. Ventosa e J. J. Nieto (2000) Produção e caraterização bioquímica de uma a-amilase do halófilo moderado *Halomonas meridiana. FEMS Microbiol. Lett.* 183 (1): 67-71.

* Mark, H. e R. H. Vreeland. 2004. Utilização de perfis de peoteína para a caraterização de bactérias halofílicas. *Curr. Microbiol.* 31(3): 158-162.

* Markus, R. e V. Muller. 2001. Dependência de cloreto do transporte de glicina betaína em *Halobacillus halophilus. FEMS Lett.* 489: 125-128.

* Mei-chin, L. e R. P. Gunsalus. 1992. A glicina betaína e o ião potássio são os principais

solutos compatíveis no metanogénio extremamente halofílico *Methanohalophilus* estirpe Z7302. *J. Bacteriol.* 174 (22): 7474-7477.

- Mevarech, M., F. Frolow e L. M. Gloss. 2000. Enzimas halofílicas: proteínas com um grão de sal. *Biophys. Chem.* 86:155-164.

- Miller, G. N. 1959. Utilização do reagente de ácido dinitrosalicílico para a determinação de açúcar redutor. *Anal. Chem.* 81: 426-428.

- Mohapatra, B. R., U. C. Banerjee, M. Bapuji. 1998. Caracterização de uma amilase fúngica de Mucor sp. associada à esponja marinha *Spirastrella sp. J. Biotechnol.* 60:113-117.

- Moore, R. L. e B. J. McCarth. 1969. Characterization of the Deoxyribonucleic Acid of Various Strains of Halophilic Bacteria (Caracterização do ácido desoxirribonucleico de várias estirpes de bactérias halofílicas). *J. Bacteriol.* 99(1): 248-254.

- Muley, M. R., J. Switala, A. Bory e P. C. Loewen. 1990. *J. Bacteriol.* 172:6713.

- Nehrkorn, A. 1967. Arch. Hyg. *Bakteriol.* 150:232.

- Niehaus, F., C. Bertoldo, M. Kahler e G. Antranikian. 1999. Extremófilos como fonte de novas enzimas para aplicação industrial. Applied Microbiology and Biotechnology. 51:711-729

- Nielsen, P., D. Fritze e F. G. Priest.1995. Diversidade fenética de estirpes de acillus alcalifílicos: proposta para nove espécies. *Microbiol.* 141: 1745-1761.

- Norberg, P. e B. Hofsten. 1969. Enzimas proteolíticas de bactérias extremamente halofílicas. *J. Gen. Microbiol.* 55:251-256.

- Nordberg-Karlsson, E., O. Holst e A. Tocaj. 1999. Produção eficiente de xilanases termoestáveis truncadas de *Rhodothermus marinus* em culturas de *Escherichia coli* em regime de lote alimentado. *J. Biosci. Bioeng.* 87:598-606.

- Norton, C. F., T. J. McGenity e W. D. Grant, 1993. *J. Gen. Microbiol.* 139:1077

- Nyyssola, A., J. Kerovuo, P. Kaukinen, N. von-Weymarn e T. reinikainen. 2000. Halófilos extremos sintetizam betaína a partir de glicina por metilação. *J. Bio. Chem.* 275 (29): 22196-201.

- Onishi, H. e K. Sonoda. 1979. Purificação e algumas propriedades de uma amilase extracelular de um halófilo moderado, *Micrococcus halobius*. *Appl. Enviro. Microbiol.* 38(4): 616-620

- Onishi, H., H. Fuchi, K. Konomi, O. Hidaka, M. Kamekura. 1980. Isolamento e distribuição de uma variedade de bactérias halofílicas e sua classificação pela resposta ao sal. *Agri. Biol. Chem.* 44:1253-1258.

- Onishi, H. 1972.Halophilc amylase from a moderately halophilic *Micrococcus. J* . *Bacteriol.* 109(2): 570-574

- Oren, A. 1999. Aspectos bioenergéticos do halofilismo. *Microbiol. Mol. Biol.* 63:334-48.

- Oren, A. 2002. Diversidade de microrganismos halófilos: ambientes, filogenia, fisiologia e aplicações. *J. Ind. Microbiol. Biotechnol.* 28:56-63.

- P. Bajpai e P. Bajpai. 1989. A-amilase alcalina de alta temperatura de Bacillus licheniformis TCRDC-B13. *Biotechnol. Bioeng.* 33: 72-78.

- Pandey, A., P. Nigam, C. R. Soccol, V. T. Soccol, D. Sing e R. Mohan. 2000. Advances in microbial amylases. *Biotechnol. Appl. Biochem.* 31: 135-152.

- Pugh, E. L., M. K. Wassef, e M. Kates. 1971. Inibição da sintetase de ácidos gordos em *Halobacterium Cutirubrum* e *Escherichia coli* por concentrações elevadas de sal. Can. J. Biochem. 49: 953-958.

- Purdy, K. J., T. D. Cresswell-Maynard, D. B. Nedwell, T. J. Mcgenity, W. D. Grant, K. N. Timmis e T. M. Embley. 2004. Isolamento de haloarchaea que crescem em baixas salinidades. *Environ. Microbiol.* 6(6):591-595.

- Quesada, E., V. Bejar, M. J. Valderrama, A. Ventosa, e A. R. Cormenzana. 1985. Isolamento e caraterização de bastonetes não-móveis moderadamente halofílicos de diferentes habitats salinos. *Microbiologia SEM.* 1(1): 89-96

- Rahel, E., P Assa, M. Birbir, A. Ogan e A. Oren. 2005. Caracterização de arquéias extremamente halofílicas isoladas da salina de Ayvalik, Turquia. *Worl. J. Microbiol. Biotech.* 20 (7): 719-725.

* Rao, M. B., A. M. Tanksale, M. S. Ghatge e V. V. Deshpange. 1998. Aspectos moleculares e biotecnológicos das proteases microbianas. *Microbiol. Mol. Biol. Rev.* 62: 597-635.

* Reddy, N. S., A. Nimmagadda e K. R. S. Rao. 2003. An overview of the microbial a amylase family. *Afri. J. Biotechnol.* 12(2): 645-648.

* Regev, R., I. Peri, H. Gilboa, Y. Avi-Dor. 1990. *Arch. Biochem. Biophys.* 278:106.

* Reilly, P. J. 1980. Potencial e utilização de carboidrases imobilizadas, em: W.H.Pitcher Jr. (Ed.), Immobilized Enzymes for Food Processing, CRCPress, Boca Raton, 113151.

* Reiser, R. e P. Tasch,1960. Trans. Kans.Acad. Sci. 63:31

* Rengpipat, S., S.E. Lowe e J. G. Zeikus. 1988. Efeitos de concentrações extremas de sal na fisiologia e bioquímica de *Halobacteriods acetoethylicus. J. Bacteriol.* 170(7): 3065-3071.

* Rippel, A. 1935. *Arch. Mikrobiol.6:350.*

* Rocha, E. R. e C. J. Smith. 1997. Regulação do mRNA *de Bacteroides fragilis* KatB por stress oxidativo e limitação de carbono. *J. Bacteriol.* 179:7033-7039.

* Rodriguez-Valera, F. e J. A. G. Lillo. 1992. Halobactérias como produtoras de polihidroxialcanoatos. *FEMS Microbiol. Rev.* 3:181-6.

* Romano, I., L. Lama, L, B. Nicolaus, A. Gambacorta, e A. Giordanao. 2005. *Bacillus saliphilus* sp. nov., isolado de uma piscina mineral em Campania, Itália. *Int. J. Syst. Evol. Microbiol.* 55:159-163

* Rothschild, L. J. e R. L. Maninelli. 2001. Life in extreme environments. Nature, 409:1092-1101.

* Ryu, K., J. Kim e J. S. Dordick. 1994. Propriedades catalíticas e potencial de uma protease extracelular de uma enzima halofílica extrema. *Microbiol. Technol.* 16: 266-275.

* Sa'nchez-Porro, C., S. Marti'n, E. Mellado e A. Ventosa. 2003. Diversidade de bactérias halófilas moderadas produtoras de enzimas hidrolíticas extracelulares *J.*

Microbiol. 94: 295-300

- Santos, H., e M. S. da Costa. 2002. Solutos compatíveis de organismos que vivem em ambientes salinos quentes. *Enviro. Microbiol.* 4:501-509.

- Sarah, G., K. Hecht, H. Eisenberg e M. Mevarech. 1990. Fosfatase alcalina induzível dependente de Ca+ extracelular^2 - da Archaebacterium *Haloarcula marismortui* extremamente halofílica. *J. Bacteriol.* 172(12): 7065-7070.

- Schafhauser, D. Y. e K. B. Storey 1992. Produção de frutose - amiloglucosidase coimobilizada, pululanase e glucose isomerase em Bibone. *Appl. Biochem. Biotechnol.* 36: 63-74.

- Schumacher, K., E. Heine e H. Hocker. 2001. Extremozimas para melhorar as propriedades da lã. *J. Biotechnol.* 89:281-288.

- Shiba, H., H.Yamamoto e K. Horikaoshi. 1989. Isolamento de halófilos estritamente anaeróbios dos sedimentos de superfície aeróbios de ambientes hipersalinos na Califórnia e no Nevada. *FEMS Microbiol. Lett.* 57(2): 191-195

- Sindhu, G. S., P. Sharma, T. Chakrabarti e J. K. Gupta. 1997. Melhoramento de estirpes para a produção de uma a-amilase termoestável. *Enzy. Microb. Technol.* 24: 584-589.

- Spormann, A. M. e F. Widdel. 2000. Metabolismo de alquilbenzenos, alcenos e outros hidrocarbonetos em bactérias anaeróbias. *Biodegrad.* 11:85-105.

- Spudich, J. L. 1993. Color sensing in the archaea: a eukaryotic-like recetor coupled to a prokaryotic transducer. *J. Bacteriol.* 175: 7755-7761.

- Stepanov, V. M., G. N. Rudenskaya, L. P. Revina, Y. B. Gryaznova, E. N. Lysogorskaya, I. Y. Filippova, I. I. Ivanova. 1992. Uma serina proteinase de uma *arqueobactéria, Halobacterium mediterranei* homóloga de subtilisinas eubacterianas. *Biochem. J.* 285:281-286.

- Sudharhsan, S., S. Senthilkumar e K. Ranjith. 2007. Factores físicos e nutricionais que afectam a produção de amilase de espécies de bacilos isolados de resíduos alimentares contaminados. *Afri. J.of Biotechnol.* 6 (4): 430-435.

- Sumner, J. B. 1921. Dinitrosalicylic acid. Um reagente para a estimativa de açúcar na urina normal e diabética. *J. Biol.* Chem. 47: 5-9

- Sumner, J. B. e E. B. Sisler. 1944. A simple method for blood sugar. *Arch Biochem.* 4:333-336.

- Takashi, K., O. Kaori e Y. Toshihiro.2002. População de bactérias halofílicas em produtos de peixe salgado fabricados nas Ilhas Loocho, Okinawa e na Península de Noto, Ishikawa, Japão. *Fish. Sci.* 68: 1265-1273.

- Tasch, P. 1963. Uni. Wichita Bulletin. 39:2.

- Teodoro, C. E. D. e M. L. L. Martin. 2000. Condições de cultivo para a produção de amilase termoestável por *Bacillus* sp. *Brasil. J. Microbiol.* 31: 298-302.

- Tiquia, S. M., D. Davis, H. Hadid, S. Kasparian, M. Ismail e R. Sahly. 2007. Bactérias halofílicas e halotolerantes de águas fluviais e águas subterrâneas pouco profundas ao longo do rio Rouge, no sudeste do Michigan. *Enviro. Technol.* 3: 297 307

- Van den Berg, B., R. J. Ellis e C. M. Dobson. 1999. *Embo. J.* 18: 6927-6933

- Van der Maarel, M.J.E.C., B. Van der Veen, J.C.M. Uitdehaag, H. Leemhuis e L. Dijkhuizen, 2002. Properties and applications of starch converting enzymes of a-amylase family. *J. Biotechnol.* 49: 137-55.

- Ventosa, A., J. J. Nieto e A. Oren. 1998. Biologia de bactérias aeróbias moderadamente halofílicas. *Microbiol. Mol. Biol. Rev.* 62(2): 504-544.

- Vihinen, M. e P. Mantsala 1989. Enzimas amilolíticas microbianas. *Crit. Rev. Biochem. Mol. Biol.* 24: 329- 418.

- Vilhelmsson, O., H. Hafsteinsson e J. K. Kristjsnsson. 1996.Isolamento e caraterização de bactérias moderadamente halofílicas do bacalhau salgado totalmente curado (bachalao). *J. Appl. Bacteriol.* 81(1): 95-103

- Vreeland, R. H. e J. H. Huval, em: F. Rodriguez-Valera (Ed.). 1991. General and applied aspects of Microorganisms. Plenum Press, Nova Iorque, 53.

- Walsby, A. E. 1980. Uma bactéria quadrada. *Nature* (Londres). 283:69-71.

- Windish, W. W. e N. S. Mhatre. 1965. Microbial amylases. *Adv. Appl. Microbiol.* 7: 273-304

- Woolard, C. R. e R. L. Irvine. 1995. Tratamento de águas residuais hipersalinas no reator descontínuo sequencial. *Water Research.29(4):* 1159-1168.

- Xiangi, C., Y.Y. Linko e P. Linko, 1984. Produção de glucoamilase e a-amilase por *Aspergillus niger* imobilizado. *Biotechnol. Lett.* 7: 645-50.

- Yoon, M. Y., Y. J. Yoo, e T. W. Cadman. 1989. Efeitos de fosfato na fermentação de alfa-amilase por *Bacillus amyloliquefaciens* .*Biorechnol. Len.* 11: 57-60

- Yumoto, I., H. Iwata, T. Sawabe, K. Ueno, N. Ichise, H. Matsuyama, H. Okuyama e K. Kawasaki. 1999. Characterization of a facultatively psychrophilic bacterium, *Vibrio rumoiensis* sp.nov., that exhibits high catalase activity. Appl Environ Microbiol. 65:67-72.

- Yumoto, I., K. Yamazaki, K. Kawasaki, N. Ichise, N. Morita, T. Hoshino e H. Okuyama. 1998. Isolamento de *Vibrio sp*.S-1 exibindo uma atividade de catalase extraordinariamente elevada. J. *Ferment. Bioeng.* 85:113-116.

- Yumoto, I., S. Yamaga, Y. Sogabe, Y. Nodasaka, H. Matsuyama, K. Nakajima e A. Suemori. 2003. *Bacillus krulwichiae* sp. nov., um alcalifilo obrigatório halotolerante que utiliza benzoato e *m-hidroxibenzoato. Int. J. Syst. Evol. Microbiol.* 53: 1531-1536

- Zajic, J. E. e M. J. Spence. 1986. Propriedades dos halófilos alcalifílicos. <u>*J. Ind. Microbiol. Biotechnol.*</u> 1: 224-229.

More
Books!

info@omniscriptum.com
www.omniscriptum.com
OMNIScriptum

Printed by Books on Demand GmbH, Norderstedt / Germany